KB272970

세상을 뒤흔든 특허전쟁

승자는 누구인가?

세상을 뒤흔든 특허전쟁

승자는 누구인가?

정우성 지음

에이콘

목차

2011년에 출간된 윤락근 변리사와의 공저 『특허전쟁』은 기업 간에 벌어지는 특허전쟁의 맥락을 이해하면서 동시에 비즈니스 관점으로 특허제도를 바라보는 새로운 패러다임을 제시했다. 특허제도를 설명하고 이해함에 있어 좀 더 넓고 다양한 시각으로 사고할 수 있음을 증명하고 싶었다.

특허는 비즈니스를 하다가 혹은 비즈니스를 염두에 두면서 생기는 것이므로 일관되게 비즈니스 관점을 유지하는 게 중요하다. 그러나 지금까지의 많은 전문가들은 법조인처럼 굴었고 또 상당수는 기술을 강조하려는 엔지니어 관점에 머물러 있었다. 전문가들의 오해와 편견은 국가정책을 입안하는 관료들의 눈을 가릴 수 있으며, 비즈니스를 하는 일반인들에게 중대한 판단착오를 일으키는 원인이 된다. 전문가의 시야를 확 트이게 하고 싶었다. 오해와 편견의 단층들을 보여주고 싶었다. 이를 위해서 전문가를 상대로 직접 설득할 것이 아니라 오히려 일반인을 상대로 이야기해 보자, 어깨에 힘을 빼고 알기 쉽게 그러면서도 폭넓게 특허를 다뤄보자고 기획한 책이 바로 전작 『특허전쟁』이었다.

이 책은 『특허전쟁』의 후속작이라고 하겠다. 그러나 전작에 종속되는 속편이 아니라 전작과 무관한 한 권의 책이다. 전작의 약점은 제목과는 달리 현재 벌어지고 있는 글로벌 특허전쟁의 속살이 들어 있지 않았다는 점이다. 물론 특허전쟁을 관망할 수 있는 적절한 시각을 제공했다는 점에서 큰 의미가 있기는 했지만, 글로벌 특허전쟁의 윤곽을 이해하고 전체를 조망하는 데는 많이 부족했다.

글로벌 특허전쟁은 으레 벌어지는 우연한 특허분쟁이 아니다. 특허분쟁은 예전에도 있었고 앞으로도 발생할 것이다. 하지만 전통적인 지식과 경험은 지금의 글로벌 특허전쟁을 이해함에 있어 극히 불충분하다. 우선 이 특허전쟁은 매우 복잡하게 얽혀 있으며 규모가 매우 크다. 또한 이렇게까지 글로벌 대충돌이 일어나게 된 근본적인 배경에는 이 시대가 대전환기에 놓여 있다는 맥락이 있다. 글로벌 기업들은 도대체 왜 싸우는가? 그리고 어떻게 진행되어 왔으며 앞으로 어떻게 될 것인가? 우리는 여기서 무슨 교훈과 배움을 얻을 수 있는가?

1장은 이 질문에 대한 첫 번째 답을 내놓는다. 위기에 봉착한 이 목마른 시대가 특허선생을 불렀다 리먼브라더스의 파산을 계기로 전세계를 휩쓴 글로벌 금융위기는 전세계 산업을 위축시켰다. 그러나 그 가운데에서도 모바일 산업은 눈부신 성장을 했으며 여기에 애플은 혁혁한 공을 세웠다. 새로운 활력이 종래의 질서를 붕괴시키기 시작했다. 시장이 확대됐고 경쟁은 격화됐다. 1장은 특허전쟁의 발화점을 시장에서 찾는다.

2장은 글로벌 특허전쟁의 배후에 숨어 있는 구글을 전면에 드러낸다. 사람들은 삼성전자와 애플 사이의 특허전쟁을 생각한다. 그러나 그것은 비좁은 독해법이다. 애플은 첫 번째 구글폰을 제조했던 대만의 HTC와 구글이 2011년에 인수한 모토로라 모빌리티 그리고 삼성전자와 특허소송을 벌이고 있다. 애플의 상대는 제조사지만 그 배후에는 모두 구글이라는 공통점이 있다. 애플과 구글이 격돌하는 것이다. 하지만 이것만으로는 표현이 부족하다. 실제 싸움은 제조사가 하는 것이지 구글이 직접 소송전을 벌이고 있는 것은 아니다. 2장은 구글동맹과 반구글진영 사이의 글로벌 대충돌의 관점에서 특허전쟁을 분석한다. 구글동맹은 구글과 구글 앞에서 대리전을 벌이고 있는 제조사가 있다. 반구글진영 전면에는 애플이 있다. 하지만 애플만 있는 것이 아니다. 애플의 동맹으로는 권토중래를 꿈꾸는 오래된 강자 마이크로소프트가 있고, 또한 구글을 정면으로 상대하는 오라클이 있다. 삼성전자는 구글동맹과 반구글진영 사이에서 벌어지는 글로벌 특허전쟁의 종속변수가 된다.

3장은 2011년 4월부터 격렬하게 벌어졌던 애플과 삼성전자 사이의 특허전쟁을 총론적으로 다룬다. 이 특허전쟁을 애플이 개전한 것은 맞다. 그러나 소송을 글로벌 규모로 확전한 것은 삼성전자였다. 애플은 미국에서 특허침해소송을 제기했다. 이에 맞서 삼성전자는 한국, 일본, 독일, 영국, 이탈리아, 프랑스로 규모를 키웠고 애플은 네덜란드와 호주로 싸움터를 넓혔다. 전문가들은 삼성전자가 모바일 산업에서 오래된 강자인데다가 애플과는 비교할 수조차 없을 정도로 많은 특허를 보유하고 있는 관계로 삼성전자가 유리할 것이라는 견해를 펴기도 했다. 그것이 단견에 불과하다는 사실이 밝혀지기까지 불과 6개월도 걸리지 않았다. 이 장에서는 기대와 사실을 걸러내고 애플의 전략과 삼성전자의 전략을 구체적으로 고찰한다.

4장은 애플과 삼성전자의 특허전쟁을 시기별로 분석한 각론이다. 애플과 삼성전자의 특허소송전은 크게 네 개의 국면으로 나눌 수 있다. 첫 번째 국면은 분쟁초기의 국면이며 양두 회사의 전략과 자존심의 대결을 다룬다. 두 번째 국면은 소송발발 후 6개월이 지난 시점에서 나타난 삼성전자의 반격과 좌절을 분석한다. 세 번째 국면은 유럽과 미국에서의 삼성전자의 고단한 방어를 분석하고 전망한다. 네 번째 국면은 두 회사의 특허소송이 앞으로 어떻게 출구 모색을 할지에 대해서 전망한다.

글로벌 특허전쟁은 단순한 소송선이 아니다. 그것은 이 시대의 변화를 표상하며 산업의 미래를 초명한다. 특허가 산업과 비즈니스에 불확실성을 초래하기는 하지만, 역설적이게도 글로벌 기업들은 특허를 이용해서 그 불확실성을 해소하기도 한다는 점이다. 무릇 이해관계가 첨예한 영역에서 협상과 규칙을 만들어가는 것은 힘겨운 일이다. 그것도 어떤 모범이 없는 새로운 영역에서는 더욱 그러하다. 이를 위해서는 집중된 자세가 필요하며, 그 집중된 자세를 위하여 작금의 글로벌 특허전쟁이 존재한다고 말할 수 있다.

일단 특허소송이 발발하면 관련 당사자들은 최선을 다해 공격하고 방어해야 하므로 집중이 생긴다. 당사자가 이렇게 소송의 성패를 위해서 집중할 때 많은 것들이 드러난다. 이 드러남을 바라보는 시선이야말로 관전자의 집중을 요구한다. 도대체 이 소송이 우리에게 무엇을 이야기하는가라는 자문에 답해야 한다.

삼성전자는 시대의 변화에 신속하게 대응하는 것이야말로 제조사의 미덕임을 입증했다. 애플과 구글은 시대의 변화를 이끄는 전위에서 창의성과 상상력이야말로 혁신의 동인임을 증명했다. 창의적인 개인과 중소기업의 발전, 소프트웨어 중심의 IT 산업, 제조사에서 소비자 중심의 사회, 이종 영역 간의 통섭과 융합, 기술과 예술을 통합하기 위한 노력, 이것은 시대의 변화를 시사하는 열쇳말이 된다. 5장에서는 이를 외면하지 않고 샅샅이 다룬다. 그리고 이 장에서는 특허전쟁이 우리나라 기업에게 주는 메시지를 직설적으로 성찰하면서 마지막 질문에 답을 한다.

특허가 기업경영과 산업정책에서 차지하는 위치는 물론 중요하다. 하지만 우리가 늘 경계해야 할 것은 '중요함의 상대성'이다. 때로는 매우 중요할 수 있으며 또 때로는 하나도 중요하지 않다. 특허에 대해 지나치게 좌고우면할 까닭은 없다. 좋은 기술과 좋은 마인드를 가지고 시장과 소비자에게 신뢰를 받는 일이 무엇보다 시급한 문제다. 모든 좋은 지적재산은 결국 사람의 창의성과 상상력, 그리고 그것에 의해 뒷받침되는 열정에 의해 꽃을 피운다는 사실을 잊지 말자. 시스템보다는 사람에 대한 직접적인 관심을, 그리고 그 관심을 지켜내기 위해서 다시 시스템을 바라보는 자세야말로 가장 핵심적인 과제라고 생각한다.

부족하지만 이 책이 독자들이 갖고 있던 평소의 질문에 대해서 조금이나마 답할 수 있기를, 또한 특허제도와 관련하여 독자들에게 어떤 오해와 편견이 있었다면 그것들을 흔들 수 있는 계기가 되기를 진심으로 바란다.

정우성

그들은 왜 싸우는가?

글로벌 기업들 사이에서 벌어지고 있는 격렬한 특허전쟁의 속살이 드러났다. 글로벌 특허전쟁의 한 축은 구글을 배후로 한 삼성전자, 모토로라, HTC와 같은 제조사들이다. 이를 '구글동맹'이라고 부른다. 이 특허전쟁의 다른 축은 구글에 맞서서 구글을 쓰러트리려는 투사들이다. 애플, 마이크로소프트, 오라클이 그러하다. 구글동맹과 반구글진영 사이에서 벌어지는 글로벌 특허전쟁은 격변기를 표상한다. 시장의 확대와 경쟁의 격화는 글로벌 기업 간의 대충돌을 유인한다.

1장

목마른 시대

2008년 리먼브라더스 파산을 계기로 촉발된 글로벌 경제위기는 전세계를 휩쓸었다. 저명한 경제학자들은 앞다퉈 극단적인 디스토피아를 그리기도 했다. 전문가들의 걱정은 신자유주의의 몰락뿐만 아니라 자본주의 시스템의 붕괴까지 이르렀다. 경제대공황 이후의 최악의 위기를 맞이한 셈이다. 경제학자들이 주장하는 바의 옳고 그름을 떠나서 세계 경제가 어려움을 겪고 있다는 사실은 부정할 수 없다.

금융 위기의 파급력은 전세계 실물경제에도 암울한 그림자를 드리웠다. 그러는 사이에 그리스로부터 시작된 유럽의 재정위기는 유럽연합 전체를 뒤흔들고 있다 천문학적인 국가 채무를 기록 중인 남유럽 국가들은 풍전등화에 빠졌다. 남유럽의 위기는 유로화의 몰락을 가져올 것이라는 성급한 예견이 만만치 않다. 높은 물가, 이미 천정을 뚫은 가계 빚과 국가 채무, 낮은 고용률 등은 저마다 어둡고 고심하는 표정을 짓는다. 우리나라도 지구촌의 한 구성원으로서 예외가 되지는 못했다. 몇몇 수출기업이 고환율의 달콤한 혜택을 입고 사상 최대의 흑자를 기록하기는 했으나 그것은 물가상승의 고통을 지불한 결과인 데다가 달콤함이 사라지자마자 닥칠 위기를 예고하기도 한다. 불경기와 물가상승과 소비침체는 정치적 불신이라는 풍선에 끊임 없이 바람을 불어넣는다. 돌파구가 필요한 목마른 시대다.

모바일 산업에서도 커다란 변화가 있었다. '애플'이라는 과격하고 맹렬하며 냉철한 기업이 변화의 중심을 차지했다. 그들은 기술을 싸잡아 끌어내렸으며 어루만졌고 추파를 던졌다. 오랫동안 여러 제조사들이 잘 직조해놓은 장벽은 애플에 의해 찢겨졌다. 스마트폰과 태블릿 PC 시장이 열린 것이다. 2007년 아이폰은 스마트폰 시장을 열어젖혔고,[1] 2010년 아이패드는 태블릿 PC 시장으로 가는 길을 개척했다. 전문가들은 비관했으나 소비자들은 열광했다. 경쟁자는 당혹했으나 애플은 승승장구했다. 애플은 글로벌 경제위기 가운데 가장 눈부신 성공을 거둔 기업이 됐다. 새로운 시대가 열린 것이다. 자본주의의 파국까지 위협받는 이 위기의 시대에 단기필마로 뛰어들어 거둔 놀라운 성장은 우리에게 시사하는 바가 크다.

그러나 새로운 시대의 주역을 적는 곳에 응당 애플의 이름만을 적어야 하는 것은 아니다. '구글'은 자기 이름을 먼저 크게 써야 한다고 주장할 것이다. 구글은 전세계 검색시장을 거의 평정했다. 그들은 네트워크 세상의 입구이자 출구이다. 구글의 응용 소프트웨어 '안드로이드'는 패닉에 빠진 제조사들의 투지를 살려줬다. 애플이 새로운 세상을 향한 문을 정비하는 사이에 안드로이드를 장착한 제조사들은 벽을 부수며 스스로 문을 만들고 앞질러 나갔다. 그들 중 근년에 가장 눈부신 모습을 하고 있는 이름으로 삼성전자, HTC가 있다.[2] 한편 구글은 잊혀져 가던 모토로라를 호명했다. 호명에 필요한 대가는 무려 125억 달러였다. 안드로이드 진영은 발 빠르게 애플을 앞질렀다. 안드로이드폰을 제조하는 기업들을 들여다 보면 제조사 자신이 아니라 '구글'의 이름이 드러났다.

애플이 여전히 자기 앞마당을 한가히 쓸고 있을 때 어느 조용한 손길이 방명록을 들추기 시작했다. 절치부심한 마이크로소프트다. 그들은 삼성전자와 HTC 바로 옆에 예의 큰 글씨로 자기 이름을 자신감 있게 써 내려갔다. 노키아가 그 이름을 큰소리로 읽었다. 한편, 캐나다 통신회사 RIM(리서치 인 모션)은 불안한 듯 괜찮은 듯 자기 이름을 '블랙베리'라고 조용히 적었다. 몇몇 기업은 이름이 잘 보이지 않았다. 유감스럽게도 그 중에는 우리나라 기업 LG전자가 포함됐다.

활싹 열린 평원으로 접어드는 길이 여기 있다. 하지만 주자들은 모두 앞다투어 뛴다. 이 병목의 길에 서로 부딪히고 넘어지고 다시 일어나서 질주한다. 그러다가 그들 모두 무리를 지어 싸우기 시작했다. 바야흐로 글로벌 특허전쟁의 시대가 도래한 것이다.

모바일 분야에서의 글로벌 특허전쟁은 전에 없이 복잡하게 얽혀 있다. 바로 여기, 글로벌 경제위기에서 도약하느냐 쓰러지느냐의 기로에 선 기업들의 민감한 전략과 시대의 대전환기에 시작된 눈부신 대항해와 그 활력을 자기쪽으로 끌어당기려는 합종연횡과 경쟁자의 항해를 방해하고 자신을 방어하기 위해 분투하는 노력의 총체가 있다. 이 몸통의 땀냄새를 외면하지 말자. 이 글로벌 특허전쟁은 한편으로는 기업들이 대충돌하는 격전지이지만, 역설적이게도 인류의 미래를 쓰다듬고 있기 때문이다.

드러남을 바라보는 시선

격변기 시대는 글로벌 특허전쟁으로 드러났다. 이 드러남을 바라봄에 있어 필요한 것은 실제 벌어지는 소송의 외양과 내용보다는 이 특허전쟁을 바라보는 우리의 '시선'이다. 특허전쟁이라고 해서 '특허'만을 고집해서는 안 된다. 한 쪽 면만을 천착해서는 그 입체를 알 수 없다. 모름지기 전문가는 자기 분야만을 보려고 하고 그 화두를 꽉 붙잡음으로써 자기 전문성을 드러내려고 욕망한다. 하지만 그런 태도는 전문성의 터무니 없는 과잉을 낳고 통찰력 없는 늪에 빠진다. 당면한 특허전쟁이 비즈니스와 무관한 것이 아니라는 단순한 진실을 인식할 때 우리는 특허전쟁이 곧 비즈니스 전쟁임을 알아챌 수 있다.

특허법을 비롯한 지적재산법률은 기술과 법률과 경영이라는 세 가지 요소가 융합된 법률이며, 이 중 경영이라는 요소가 다른 두 가지 요소에 영감과 활력과 생명력을 불어넣기 때문에 가장 규정적이라고 말할 수 있다. 그렇기 때문에 전략적으로 사고된다. 이 분야 많은 전문가들은 오랫동안 기술과 법률의 융합만을 바라봤다. 하지만 경영이라는 요소가 빠지면 불충분하고 때로는 위험하기까지 하다.

회사 경영에 관련된 법률 중에는 상법이나 여러 회사법이 있다. 여러 가지 행정법과 세법과 독점규제에 관한 법률도 포함될 것이다. 그러나 이들 법률은 준법과 탈법 중 어느 하나를 선택하는 것이다. 준법의 의무를 전략적으로 접근하지 않는다. 그렇게 해서도 안 된다. 적법 아니면 탈법이다. 하지만 특허법은 그렇지 않다. 전략적으로 접근되고 분석되며 활용된다. 심지어 타인의 특허권을 침해하는 것조차 경영전략적 차원으로 고려된다. 특허권 침해라는 위법 상황은 라이선스 합의에 의해 사후에 적법해진다. 강력한 권리자도 비즈니스가 소멸함에 따라 그 지위를 잃는다. 일단 송사가 벌어지면 법원이 무엇이 정의인지를 놓고 판가름하겠지만 법원이 시장의 거대한 흐름과 자잘한 물줄기들을 임의로 막을 수는 없다. 시장은 더욱 강력한 힘을 발휘한다. 우리는 송사만을 볼 것이 아니라 시장의 흐름을 함께 봐야 하는 셈이다. 나무와 숲을 함께 바라봐야 한다.

또한 모바일 산업에서의 글로벌 특허전쟁을 '사건'으로만 볼 게 아니라 '시대의 움직임'이라는 맥락에서 살펴볼 필요가 있다. 곧 명사가 아니라 동사로서 이 특허전쟁을 관찰한다. 그러므로 특허전쟁은 비즈니스 세계의 주어가 될 수 없고 어디까지나 서술어가 될 수 있을 뿐이다. 결국 우리는 다시 한 번 비즈니스 관점을 확인한다. 물론 무엇이 주어인가는 좀 더 생각해 볼 필요가 있다. 비즈니스 관점이라면 응당 비즈니스가 주어가 될 수 있겠다. 요컨대 경영상의 이익 달성을 위해 특허소송을 하는 것이다. 맞는 말이다. 하지만 기업 간 소송에서 비즈니스는 늘 주어였기 때문에 만족스럽지 못하다. 게다가 작금의 특허전쟁은 모바일 산업 전체가 휩쓸려 있기 때문에 종전에 국지적으로 벌어졌던 기업 간 특허전쟁과는 차원이 다른 상황이다. 따라서 우리는 비즈니스 이외의 무엇을 더 찾아야 한다. 이 책에서는 그 주어가 바로 시대의 변화이며 산업의 대전환기임을 주장한다. 이 특허전쟁의 주어는 격변기의 시대, 바로 그 자체라는 주장, 곧 시대가 이 특허전쟁을 불렀다는 것이다. 바야흐로 대전환의 시대다.[3]

시대의 움직임을 단지 시장의 '보이지 않는 손'으로 비유해서 그치고 마는 것은 적절하지 않다. 시장도 사람과 사람 사이의 관계가 확장돼서 이루어지는 것이므로 '사람'을 바라보는 관점을 잃어서는 안 된다. 사람을 바라보는 관점을 잃으면 사건만 남고 결과만 보이게 된다. 이는 텍스트를 피상적인 이해에 그친 보고서로 격하시킨다. 말하자면 기계장치가 소송을 하는 게 아니다. 사람이 하는 일이다. 그러므로 애플에서 일하거나 애플을 위해서 일하는 사람들은 무슨 생각을 하며, 마찬가지로 삼성전자에서 일하거나 삼성전자를 위해서 일하는 사람들은 무슨 생각을 하는지, 그리고 그들이 어떻게 행동해 왔는지에 대한 관찰도 중요해진다. 기업가 정신, 기업의 문화, 사람들의 보람과 고충, 실수와 탁월한 선택, 창의성의 발육과 쇠퇴 등을 시야에서 놓치지 않는 일이다. 요컨대 시장과 사람을 동시에 봐야만 글로벌 특허전쟁을 둘러싼 시대의 변화를 읽을 수 있고, 또한 통찰할 수 있다.

한편, 적지 않은 사람들이 글로벌 특허전쟁을 삼성전자와 애플 사이의 소송전으로만 바라보기도 한다. 물론 삼성전자가 애국심을 자극하고 애플에게는 충성도 높은 소비자가 있다는 점에서 좋은 관심거리가 아닐 수 없다. 또한 삼성전자가 글로벌 특허전쟁의 소용돌이 속에서 애플하고만 싸우고 있기 때문에, 삼성전자 입장이라면 곧 '삼성전자 대 애플' 사이의 특허전쟁으로 여겨질 수 있겠다. 틀린 것은 아니지만 이는 계곡에서 멈춘 생각이다. 더 올라가면 더 많은 것들을 볼 수 있다. 이 계곡이 어디서 시작됐으며 어디로 흘러가고 있는지까지 알 수 있다. 올라가 보자.

시장의 확대와 경쟁의 격화

스마트폰 시장과 태블릿 PC 시장이 열렸다. 그리고 이 시장은 산업에 새로운 활력을 불어넣었다. 시장의 확대와 경쟁의 격화는 특허전쟁을 촉발하는 주요한 동인이다. 경쟁의 파열이 커질수록 경쟁자의 판매를 금지시킬 수 있는 특허라는 강력한 권리에 손이 가게 마련이다. 수십 곳의 제조사가 저마다 자신이 보유한 수천, 수만 가지 특허 카드를 만지작거릴 때 전쟁의 분위기는 무르익게 마련이다. 그런데 특허권자들의 면면과 특허의 현황만 놓고 보자면 지금이나 과거나 큰 차이가 없다. 그런데 어째서 지금 이 시점에 전래 없는 특허전쟁이 활화산처럼 불타고 있는가?

시장에는 무릇 앞선 자와 뒤쫓는 자와 강자가 있다. 그들은 모두 치열하게 경쟁하지만 시장은 예측 가능한 정도에서 그들의 경쟁을 관전한다. 경쟁자들은 소리소문도 없이 그들의 창고에 특허라는 날 선 무기를 쌓아둔다. 시간이 흐름에 따라 그들의 무기고는 가득 찬다. 특허는 본디 경쟁자를 괴롭힐 수 있는 가장 효과적인 무기라는 점을 잊지 말자. 하지만 그들은 통 싸우려 들지 않는다. 그들은 이미 기득권자이며 특허 측면에서도 서로가 강자인데

다가 특허를 통해서 예측 가능한 시장을 뒤흔들고 싶지 않은 까닭
이다. 그들은 수많은 특허를 보유하고 있어도 마치 중세의 길드처
럼 카르텔처럼 경쟁은 하되 동시에 '우리들'의 시장을 지킨다. 시
장이 안정화되면 특허라는 무기로 싸우지 않는 것이다.

하지만 시장 자체가 극심한 불확실성에 빠져들면서 시장에서
의 앞선 자, 뒤쫓는 자, 강자의 순서가 급변하게 되고, 새롭게 앞서
나간 자가 보유한 특허에서 약점을 드러내는 순간, 기존에 시장을
주도했던—대개 특허 강자이기도 한— 경쟁자들은 자신의 무기고
에서 특허를 꺼내기 시작한다. 이렇듯 시장의 강자와 특허의 강자
가 불일치하는 순간 특허전쟁이 발발한다. 이와 동시에 시장에서
의 불확실성은 정점에 이르게 된다. 그러나 역설적이게도 글로벌
기업 간의 특허전쟁은 이 불확실성을 해소하는 과정이 된다.

노키아는 2009년에 애플을 상대로 특허소송을 걸었다. 애플은
2010년 봄, 대만의 HTC를 상대로 특허소송을 제기하면서 안드로
이드 진영에 대한 공세를 개시했다. 애플은 또한 안드로이드 진영
에 대한 추가 소송을 준비하기 시작했다. 모토로라 모빌리티(이하,
'모토로라'로 약칭함)는 애플에게 준비할 틈을 주지 않고 먼저 선공
을 가했다. 그때가 2010년 10월이었다. 반면에 삼성전자는 모토로
라와 전혀 다른 대응을 택했다. 그들은 침묵했다. 그 결과 애플은
2011년 4월 삼성전자를 상대로 역시적인 포문을 열었다. 바야흐
로 애플과 안드로이드 진영과의 결전의 시대가 도래한 것이다. 애

플은 노키아와의 특허소송을 화해로 정리하면서 안드로이드 진영과의 전쟁에 온 힘을 쏟고 있다. 한편 권토중래를 꾀하는 마이크로소프트는 자신의 강력한 특허를 이용해 안드로이드 진영을 조용히 잠식하기 시작했다. 삼성전자와 HTC는 안드로이드를 사용한 대가로 구글이 아닌 마이크로소프트에게 로열티를 지급해야 했다. 애플은 이 분야 후발주자로서 무선통신 기술에 대한 특허무기가 부족하기 때문에 소송을 통해 싸우고 견뎌야만 했고, 반면에 마이크로소프트는 자신의 강력한 특허 포트폴리오를 이용해서 협상전략으로 접근했다. 구글은 글로벌 특허전쟁의 배후에 숨었다가 2011년 여름 모토로라를 전격 인수함으로써 전면에 얼굴을 내밀었다. 그러자 애플과 마이크로소프트의 화력은 모토로라에 집중되기 시작했다.

사람들은 글로벌 특허전쟁의 중심에 애플이 있다고 생각한다. 그러나 눈을 씻고 다시 보라. 이 격전지의 중심 그리고 배후에 있는 기업은 다름 아닌 구글이다. 그리고 구글에 맞선 애플동맹의 공세다. 그들의 입장에서 바라보면 이 특허전쟁은 '구글과의 싸움 Anti-Google War'이 된다.

아이폰 출시 후 3년

2007년 1월 애플은 아이폰을 출시했다. 그리고 3년 후 2010년 1월 아이패드가 공개됐다. 아이폰과 아이패드를 애플이 개발하고 출시할 때 구글의 회장인 에릭 슈미트가 애플 이사회의 이사였다는 점은 주지의 사실이다. 그리고 아이폰 쇼크로부터 휴대폰 제조사를 구원해 준 것은 다름 아닌 구글이었다는 점도 누구나 아는 사실이다. 구글은 2005년 7월 미국의 벤처기업 안드로이드 사를 인수했고, 2007년 11월 삼성전자, HTC, 모토로라, LG전자, 인텔, 퀄컴 등과 컨소시엄을 형성해 오픈 핸드셋 얼라이언스^{Open Handset Alliance}를 결성했다. 그리고 2008년 12월, 아수스, 소프트뱅크, 소니에릭슨, 도시바, 보다폰 등이 이 동맹에 추가되었다. 그리고 대만의 HTC는 2008년 10월에 안드로이드 운영체제를 탑재한 최초의 스마트폰 'G1'을 출시했다. 이어서 2009년 10월 모토로라가 '드로이드'를 출시했고, 안드로이드폰이 판매량에서 애플의 아이폰을 능가할 수 있음을 입증했다. 그러자 삼성전자도 이 물결에 동참해 2010년 6월경 '갤럭시S'를 출시했다. 삼성전자는 비교적 뒤늦게 안드로이드폰을 제조한 것을 알 수 있다. 그리고 바로 이 순서대로 애플과의 특허전쟁이 개전되었다.

다시 말하면 애플이 아이폰을 판매하기 시작한 후 21개월이 지난 다음에 이른바 '구글폰'이 나오게 될 것이고, 이것이 곧 글로벌 특허전쟁의 서막이 되었다. 겉으로 드러난 현상으로만 보자면, 애플과 구글의 격전은 애플이 매우 불리한 국면이다. 왜냐하면 애플과 구글과의 일 대 일 싸움이 아니라, 애플과 '구글동맹'과의 싸움이며, 이것은 일 대 다수의 싸움이기 때문이다. 더욱이 애플은 맥컴퓨터와 아이팟으로 대변되는 MP3 플레이어 분야에서는 역사를 갖고 있지만 휴대폰 분야에서는 신출내기 기업에 불과하다.

반면에 구글동맹에 가담한 다수의 글로벌 휴대폰 제조사들은 모두 이 분야 터줏대감으로 오랫동안 군림했던 강자들이다. 애플은 한두 개의 제품으로 맞서지만 상대방은 수십 가지 제품으로 맞선다. 애플은 통제된 유통망에서만 시장을 파고 들지만 이미 상대방은 강고하고 오래된 시장 네트워크를 가지고 있다. 신출내기 기업은 그 분야의 강자들에 비해서 자신의 제품과 기술을 보호해 줄 중무장한 특허를 많이 보유하고 있지 않지만, 시장의 강자들은 오랫동안 무기로 축적해 둔 수많은 특허를 가지고 있다는 점도 애플에게 상당히 불리하다.

이런 상황을 구글이 제대로 직시했을 것이라고 생각하고 애플 또한 그러하리라 본다. 그렇기 때문에 구글은 더 많은 제조사들을 안드로이드 플랫폼의 개방성으로 끌어들이는 한편, 제조사들의 다양성과 그들의 고객을 자신의 무기로 삼았다. 이것은 애플의 폐쇄적인 플랫폼의 가장 큰 단점, 즉 모든 제조사를 경쟁사로 삼는 단점에 대한 가장 아픈 공세가 된다. 한편 이런 상황은 애플이 구글동맹에 대한 공세를 좌시할 수 없는 요인으로 작용하기도 한다. 그리고 시간이 지남에 따라 구글동맹은 시장을 장악해 가기 시작했다.

경쟁은 시장이 허용하는 원리를 따라야 하며, 법규를 지켜야 한다. 시장은 매우 냉정한 곳이다. 어쨌든 더 좋은 제품, 더 매력적인 제품, 혹은 소비자를 더욱 설득할 수 있는 제품으로 싸우게 된다. 그러나 이런 시장에서의 경쟁만으로는 부족하다. 평화로운 시절에는 시장 경쟁만으로 족할지도 모르겠다. 그러나 지금과 같은 대전환의 시대에는 시장의 경쟁만으로는 부족하다. 능동적이고 치밀한 대처에 따라 미래가 결정된다. 바로 여기에 특허전쟁이 발발하게 되는 이유가 있다.

그렇다면 누가 특허전쟁을 개시하는 것이 좋을까? 구글동맹이 애플의 아이폰 출시 이후에 그에 대적하기 위해 결성되었다는 사실을 보더라도, 안드로이드 제품들이 아이폰을 모방해서 나온 것이라는 점('모방'이라는 것이 법률적으로 규제받아야 하는 모방인지 아니면 새로운 창작을 위해 과거의 유산을 적법하게 참조한 것인지에 대한 판단은 유보한다)을 고려해 보더라도 구글동맹이 애플을 상대로 먼저 특허소송을 감행하기는 어려웠다. 게다가 시장의 성숙과 소비자의 신뢰성 정도는 소송의 개시점에도 영향을 미치기 때문에 구글동맹이 애플을 상대로 특허전쟁을 공격하는 것 또한 아직 시기상조였다. 안드로이드 제품이 더 많이 팔려야 하며, 더 많은 소비자의 호평이 있어야 했다. 그래야만 개방 플랫폼으로서 더 많은 제조사의 역량을 끌어들일 수 있었다. 구글이 2008년 10월의 첫 번째 버전의 구글동맹 제품(HTC의 'G1')을 선보였을 당시 멀티터치 기능 등 애플 고유의 기술 몇 가지는 제품 기능에 포함시키지 않았던 것도 그런 맥락으로 이해할 수 있다. 정면 충돌을 하기까지는 시간이 필요했다. 그러므로 2009년은 구글동맹이 애플과 정면으로 맞서기 위해 치밀하게 준비하는 시간이었다.

애플의 입장에서도 일대다의 싸움이며, 그것도 강자와의 싸움이기 때문에 상당한 준비가 필요했다. 이 시기 애플은 다음 네 가지 준비에 몰두했으리라고 생각한다.

첫째 법리적인 분석이다. 어떤 특허를 무기로 싸울 것인지, 그리고 상대방이 어떤 주장을 할 것인지에 대한 분석 작업이다. 굉장히 디테일한 작업이 필요하다.

둘째 우군의 확보다. 애플과 구글이 일대일로 싸우는 것도 아니고, 또한 애플과 삼성전자가 일대일로 소송전을 하는 게 아니기 때문에 더욱 그렇다. 앞서 말한 것처럼 글로벌 특허전쟁은 곧 구글동맹의 다수의 제조사와 싸우는 것이라서 애플의 입장에서도 우군이 필요하다. 그리고 이 두 번째 작업은 매우 정교하고 비밀스럽게 진행됐다고 추정된다. 그 우군이 바로 마이크로소프트와 오라클이었다.

셋째 현금의 확보다. 소송에는 많은 비용이 소요된다. 그러나 애플이 필요한 것은 소송자금이 아니다. 그것보다 훨씬 더 많은 금액, 예컨대 난국이나 파국을 타개하기 위한 자금(예컨대 M&A등), 필요시 협상을 능동적으로 임할 수 있도록 하는 자금, 상대방이 쉽게 대항하기 어렵게 만드는 자금, 소송에서 몇 번 지더라도 충분히 손해배상을 하면서까지 싸움을 끌어갈 수 있는 자금이 바로 그것이다. 그리고 이것은 애플의 높은 매출과 그보다 더 놀라운 이익률에 의해 달성돼 갔다.

마지막으로, 또 다른 혁신제품 '아이패드'의 준비다. 이를 통해 시장을 주도하고 혁신기업의 이미지를 더욱 높이면서 상대방을 압박할 수 있는 분위기를 만든다. 게다가 현금을 확보하는 것에도 매우 이롭다. 이 모든 것이 착실히 준비돼 갔다고 생각하며, 바로 그 시기도 역시 2009년이었다. 비록 노키아가 애플을 상대로 2009년에 특허소송을 제기했지만, 노키아가 구글동맹의 일원이 아니라는 점에서 중요한 의미를 갖지는 못했다. 오히려 노키아는 2011년부터 마이크로소프트와의 동맹을 선언했으며 그러므로 반구글진영의 일원이다. 노키아가 마이크로소프트와의 동맹을 선언한 후 불과 4개월 만에 애플과 노키아는 협상을 통해 소송을 정리했다.[4]

글로벌 특허전쟁의 배후

글로벌 특허전쟁은 애플이 주도하고 있는 것처럼 보인다. 많은 사람들이 제조사들과 괜한 특허소송전을 벌이는 싸움꾼 애플을 탓한다. 삼성전자와 애플, HTC와 애플, 모토로라와 애플의 특허소송을 각각 별도로 이해하면 그럴지도 모른다. 하지만 이들을 하나의 글로벌 특허전쟁으로 엮어내자마자 이 글로벌 특허전쟁의 배후가 드러난다. 그들이 바로 '구글'이다. 이 글로벌 특허전쟁은 구글이 제조사들에게 안드로이드 운영체제 소프트웨어를 무료로 배포함으로써 시작됐다. 구글은 제조사 뒤에서 제조사를 방패막이로 삼으면서 이 특허전쟁이 자신에게 미치는 여파를 최소화하다. 오라클은 구글의 전략을 방해한다. 마이크로소프트는 제조사들을 심리를 이용해서 안드로이드 운영체제 사용대가조로 돈을 뜯어내며 장미꽃을 건넨다. 중무장한 애플이 제조사들을 향해 거센 공성전을 개시했다.

구글의 성장과 위협

구글은 이미 세계 검색시장을 장악했다. 이것은 곧 광고 시장의 장악을 의미하는 것이므로 그 위세가 대단한 것은 어제 오늘의 일이 아니다. 안드로이드 운영체제를 앞세워 동맹을 이끌고 있는 구글은 현재 애플과 스마트폰 시장 및 태블릿 PC 시장을 놓고 치열하게 경쟁 중이며, 외형적인 규모만을 놓고 보자면 애플을 압도한다. 구글의 개방형 플랫폼 전략의 효과, 즉 삼성전자, HTC, 모토로라 등의 제조사를 충분히 활용한 전략의 결과다. 표 2-1은 최근 3년간의 격동하는 스마트폰 점유율을 나타낸다. 여기서 구글동맹은 삼성전자(2010년부터), HTC를 비롯한 그밖의 회사들(2010년부터 대부분 구글동맹으로 편입)을 의미한다. 노키아는 홀로 고고하게 있다가 마이크로소프트와 손을 잡고, 2011년 가을부터 윈도우폰으로 무장했다.

	2009년	2010년	2011년
애플	14.5%	16.1%	19.0%
삼성전자	3.2%	7.6%	19.1%
HTC	4.7%	7.1%	8.9%
노키아	39.0%	33.1%	15.7%
리서치인모션	19.9%	16.1%	10.4%
기타	18.8%	20.3%	26.9%

표 2-1 세계 스마트폰 시장 점유율(출하량 기준) (출처: IDC Worldwide Mobile phone Tracker)

표 2-1을 통해서 우리는 다음과 같은 정보와 통찰을 얻을 수 있다.

1. 2009년 당시에는 구글동맹(HTC와 모토로라, 2010년부터 삼성전자, 그리고 대부분의 제조사들)은 스마트폰 시장에서 큰 영향력을 갖지 못했으나, 2010년에 시장점유율에서 애플을 추월하더니 2011년에는 애플보다 2배 이상의 시장점유율로 성장했다.

2. 시장점유율에서 구글동맹이 눈부신 성장을 보이고 애플을 압도했음에도 애플의 성장세는 꺾이지 않았다.

3. 구글동맹은 노키아와 리서치인모션의 점유율을 흡수했는데, 이는 곧 모바일 OS 시장에서의 마이크로소프트의 퇴출을 의미했다(비록 노키아를 통해서 귀환했지만).

4. 구글동맹의 가장 큰 피해자는 애플이 아니라 마이크로소프트다.

출하량의 비율과 성장 추세를 보면, 삼성전자를 포함한 구글동맹의 성장세가 눈부시지만, 그 자체가 애플에게 미치는 영향은 큰 위협이 되지 못함을 알 수 있다. 아래 그림 2-1은 더 흥미로운 사실을 알려준다. 안드로이드는 스마트폰을 팔고 애플은 돈을 번다.

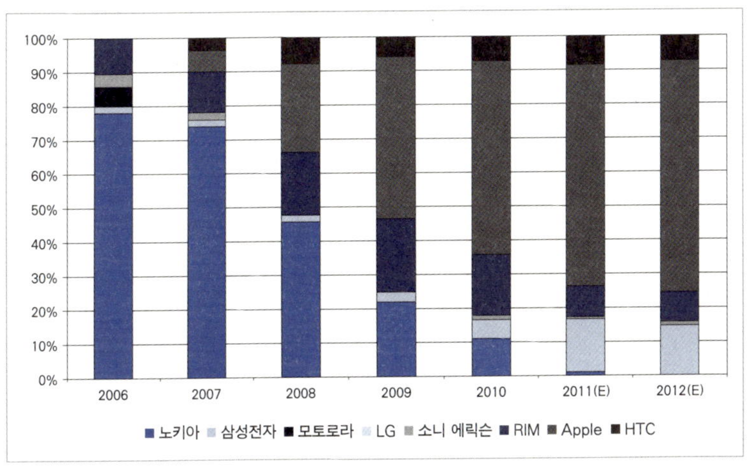

그림 2-1 **세계 스마트폰 시장 영업이익 분포**(출처: http://tech.fortune.cnn.com/2011/11/14/android-sells-the-smartphones-apple-makes-the-money/)

애플은 최근 몇 년간 놀랄 정도로 큰 돈을 벌고 있는 반면에 노키아는 놀랄 정도로 큰 돈을 잃고 있음을 알 수 있다. 삼성전자가 2011년에 반짝 성과를 올렸지만 애플에 비할 바가 못 된다. 결국 구글동맹은 노키아의 금고에서 돈을 빼 온 것이다. 이 그림 2-1에서 알 수 있듯이, 애플의 영업이익이 안드로이드 진영인 구글동맹의 전체 영업이익보다 너 많다. 애플은 더 적게 팔지만 훨씬 더 많은 이익을 얻었다. 애플의 금고에는 현금이 계속 쌓인다. 이런 사실을 종합해 볼 때, 구글동맹이 지금 성공하고 있고 앞으로도 성공한다고 해서 애플이 당장 커다란 위험에 직면하지는 않음을 알수 있다. 게다가 애플 제품을 구매하는 소비자들의 높은 충성도, 소프트웨어와 하드웨어의 완성도 높은 통합, 그리고 앱 스토어와 아이튠즈를 매개로 아이폰-아이패드-아이맥(맥북)으로 이어지는 강력한 플랫폼은 구글동맹보다 훨씬 낮은 시장점유율에도 불구하고 애플의 경쟁우위를 갖게 만드는 요인이 되고 있다.

따라서 구글동맹을 향한 애플의 경쟁심은 당장의 위협보다는 좀 더 먼 미래를 향해 있다고 볼 수 있다. 애플의 폐쇄성과 구글의 개방성의 충돌은 결국 일 대 다수의 싸움을 미래에도 지속시킬 것이기 때문이다. 이것은 애플이 수십 년간 경험했던 PC 시장에서의 악몽이 되풀이될 수 있음을 의미한다. 개방성과 폐쇄성에 대한 에릭 슈미트와 스티브 잡스의 입장은 다음 표 2-2와 같다. 비록 2011년 가을 스티브 잡스가 죽었지만 그의 철학은 당분간 애플의 유산으로 남을 것이기 때문에 잡스의 생각은 여전히 중요하다.[1]

잡스의 생각(애플의 입장)	슈미트의 생각(구글의 입장)
"나는 사용자 경험 전체에 대해 책임지고 싶어요. 우린 돈을 벌려고 그러는 게 아니에요. 안드로이드 같은 쓰레기가 아닌 훌륭한 제품을 만들고 싶기 때문이지요"	"폐쇄적인 플랫폼에는 통제라는 이점이 따르지요. 하지만 구글은 개방하는 것이 더 나은 접근법이라는 특정한 믿음을 갖고 있어요. 그것이 대안과 경쟁, 소비자의 선택권 등을 늘려 준다는 점 때문이지요"

표 2-2 **잡스와 슈미트의 생각**

당신이 제조사라면 누구와 손을 잡고 싶을까? 당연히 구글이다. 그렇기 때문에 구글동맹이 더욱 힘을 발휘하고 있는 까닭이기도 하다. 물론 소비자를 상대로 한 마케팅에도 유리하다. 다시 말하면 애플과 구글의 이런 입장 차이 때문에, 스마트폰 시장과 태블릿 PC 시장에서 애플은 구글동맹과 일대다의 격전을 계속 벌일 수밖에 없다. 그렇기 때문에 애플이 이익을 창출하고 성장함에 있어서 구글동맹이 당장은 위협이 되지 못하더라도 미래를 위해서 그 동맹을 깨트리기 위한 노력이 필요하다.

그런데 개방적인 플랫폼 전략은 구글만 하는 게 아니다. 그것은 전통적으로 마이크로소프트의 기본 전략이기도 하다. 즉 '개방성' 자체만을 놓고 보자면 구글의 경쟁은 애플이 아니라 마이크로소프트다. 다시 말하면 구글과 협력할 수 있는 기업은 마이크로소프트와도 협력할 수 있는 기업이다. 구글동맹에 속한 대부분의 기업들이 그 이전에는 마이크로소프트의 파트너였다는 사실은 우연이 아니다. 그리고 구글동맹의 안드로이드 제품들의 성장이 애플이 아니라 마이크로소프트의 윈도우 제품들의 시장을 빼앗아갔다는 앞에서의 통계자료도 괜한 것이 아니다. 구글의 성장과 위협은 애플이 아니라 마이크로소프트를 향하고 있던 것이다. 사실 대전환기에서의 진정한 격전을 놓고 비유하자면, 구글은 애플과 전쟁을 했는데 폐허가 된 전상은 애플의 영토가 아니라 마이크로소프트의 영토였던 것이다.

구글은 스마트폰 시장에서 마이크로소프트의 목을 옥죄었다. 마이크로소프트는 노키아를 통해서 제국의 역습을 도모하고 있는 국면이다. 한편 구글의 웹브라우저 크롬Chrome은 마이크로소프트의 익스플로러를 점점 더 위협하고 있고, 반면에 구글의 검색엔진에 맞서는 마이크로소프트의 검색엔진 빙bing은 그림 2-2에서 나타난 것처럼 미국 시장에서부터 조금씩 후일을 도모하고 있다.[2]

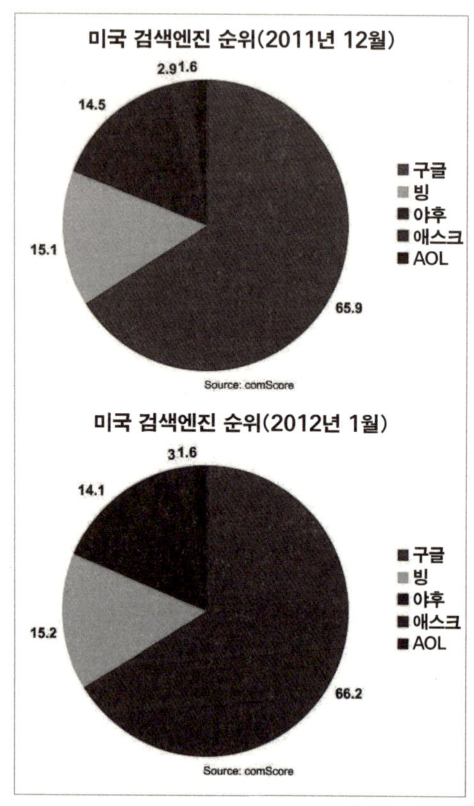

그림 2-2 미국에서의 검색시장 시장점유율

　구글의 검색엔진이 더욱 강력해질수록 마이크로소프트는 왜소해지며, 구글 크롬이 더욱 많이 사용될수록 웹 월드에서 마이크로소프트의 지위는 더욱 추락한다. 반면에 마이크로소프트가 모바일 시장에서의 잃어버린 지위를 윈도우폰으로 회복하면 영화롭게 권토중래할 수 있다. 이와 같이 마이크로소프트와 구글이 거의 모든 비즈니스에서 경쟁자인 반면에, 마이크로소프트와 애플은 그렇지 않다. 오히려 이 두 회사는 꽤 오랫동안 협력관계를 유지하고 있다. 이것이 사실이다.

　하지만 우리는 애플과 구글 사이의 전쟁만을 바라본다. 우리나라 시장에서 스마트폰이나 태블릿 PC 제품은 안드로이드폰 아니면 아이폰이다. 그리고 특허소송의 당사자도 안드로이드폰 제조사들과 애플이다. 그런 까닭에 우리가 체감하는 글로벌 특허전쟁에서 마이크로소프트는 잘 드러나지 않는다. 사람들은 글로벌 특허전쟁에서 마이크로소프트의 존재를 잊곤 한다. 그러나 실은 구글과 마이크로소프트의 경쟁이 더욱 치열하다고 말할 수 있으며, 이 싸움은 아직 구글의 압승으로 끝난 것이 아니기 때문에 여러 제조사들은 좀 더 관망할 필요성이 있다. 그래서 비록 지금은 구글과 동맹관계에 있지만 그렇다고 해서 마이크로소프트를 적대적으로 생각하지도 않는 것이 제조사들의 기본 입장이다. 마이크로소프트는 언제나 보험과 같은 존재이기 때문이다.

　여기서 우리는 격변기를 맞이하는 제조사들의 관점이 3개 회사

(구글, 애플, 마이크로소프트)와 완전히 다르다는 것을 알게 된다. 애플과 휴대폰 제조사들은 경쟁관계에 있다. 이것은 맞는 말이다. 애플과 경쟁하기 위해서는 소프트웨어와 플랫폼 지원이 필요한데, 여기서 구글과 마이크로소프트 중 어느 한 쪽을 '올인'하기 어렵다. 글로벌 특허전쟁으로 말미암아 안드로이드의 위험성이 지속되고 있는 상황에서 미래는 여전히 알 수 없기 때문이다.

한편 우리는 구글의 성장이 단순히 애플과 마이크로소프트에 위협을 초래한다는 사실에만 멈춰서는 안 된다. 구글의 육식성은 IT기업의 대다수 분야에 걸쳐 있다고 볼 수 있다. 구글과 경쟁관계에 있거나 적대적인 기업들만 하더라도(비록 그 편차가 상이하겠으나), 소프트웨어의 또 다른 강자인 오라클, SNS 분야를 평정한 페이스북과 트위터, 그리고 아마존 등이 포함된다. 좀 거칠게 표현하자면 구글이야말로 IT 업계의 진정한 싸움꾼이라고 하겠다. 이 싸움의 중심에는 구글이 있으며, 마찬가지로 특허전쟁의 중심에도 구글이 있다. 구글은 언제나 배가 고프다. 욕심에는 끝이 없다. 그것이 자신의 이익을 위한 것이든 아니면 인류의 이익을 위한 것이든 말이다. 구글의 경쟁자들은 그것이 탐욕이라고 생각하며 탐탁지 않게 여기겠지만, 구글의 영토 확장이 소비자들의 이익에 반하는 것인지는 아직 논할 수 없다.

신탁을 받다

"우리 소송은 이렇게 말하는 셈입니다. '빌어먹을 구글, 당신들은 아이폰을 훔쳤어. 우리를 완전히 벗겨 먹었다고.' 엄청난 도둑질이죠. 필요하다면 죽는 순간까지 남아 있는 내 인생과 은행에 있는 애플의 자금 400억 달러(2011년 말 기준 980억 달러로 늘어났다)를 모조리 바쳐서라도 상황을 바로잡을 생각이에요. 난 안드로이드를 무너뜨릴 겁니다. 안드로이드는 훔친 물건이니까요. 이를 위해서라면 기꺼이 핵전쟁도 불사할 수 있어요. 그들은 겁에 질려 있지요. 자기들이 잘못했다는 걸 알고 있으니까요. 구글 서치를 제외한 구글의 제품들, 그러니까 안드로이드와 구글 닥스는 개똥입니다."

애플이 구글동맹을 향해 첫 소송(상대는 HTC였다)의 포문을 연 다음에 잡스가 한 말이다. 이와 같이 애플의 구글동맹을 향한 소송전의 개시는 다분히 감정적인 배경도 있었다. 안드로이드 제품은 애플의 아이폰과 여러 점에서 유사했고, 게다가 아이폰 개발 당시 애플의 이사 중 한 명이 바로 구글의 회장이었던 것이다. 물론 구글도 할 말이 있겠지만 말이다.

하지만 우리가 한두 발 뒤로 물러나서 최근 몇 년간의 소송을 살펴보면 매우 흥미로운 사실을 발견할 수 있다. 거의 같은 시점에 애플, 마이크로소프트, 오라클이 각각 자기가 갖고 있는 최선의 무기를 활용해서 구글을 공격한 것이다. 손발이 잘 맞아서 이들 사이에 어떤 모종의 눈맞춤이 있지 않았나라고 생각하지 않는 게 이상할 정도다. 이 세 회사가 구글동맹에 취한 공세를 간략히 정리하면 아래의 표 2-3과 같다.

애플	마이크로소프트	오라클
2010년 4월 HTC를 상대로 특허소송 제기(안드로이드 스마트폰이 애플의 특허를 침해했다고 주장)	2010년 4월 HTC와 특허라이선스 계약 체결(안드로이드 사용에 대한 로열티를 지급받는 계약, 대당 5달러)	2009년 4월, IBM(구글진영에 포함되는 회사다)을 제치고 74억 달러로 썬마이크로시스템즈을 인수
2010년 10월 모토로라 상대로 특허소송 개시(모토로라가 먼저 선공을 함)	2011년 7월 애플 등과 노텔특허 공동매수	2010년 8월, 구글을 상대로 특허침해 소송개시(자바특허 침해를 주장)
2011년 4월 삼성전자를 상대로 특허소송 제기(디자인특허를 포함함)	2011년 8월 모토로라에 특허소송 제기	
2011년 7월 MS 등과 노텔특허 공동매수	2011년 9월 삼성전자와 특허라이선스 계약 체결(안드로이드 사용에 대한 로열티를 지급받는 계약)	
2012년 1월 삼성전자에 대한 유럽연합 반독점조사 착수	2012년 1월 LG전자와 특허라이선스 계약 체결(안드로이드 사용에 대한 로열티를 지급받는 계약)	
2012년 2월 모토로라에 대한 유럽연합 반독점조사 신청	2012년 2월 모토로라에 대한 유럽연합 반독점조사 신청	
구글동맹에 참여한 회사를 소송을 통해서 공략함으로써 안드로이드 운영체제의 안정성을 흔듦 안드로이드 위험도를 증가시킴 소송을 통한 공격 제조사를 공략	구글동맹에 참여한 회사에 대해서 안드로이드 운영체제 사용에 대한 대가를 구글이 아닌 마이크로소프트가 받음으로써 안드로이드 유상화 전략 협상을 통한 공격 제조사를 공략	구글에 대한 직접적인 소송 제조사로 확전될 가능성도 있음 소송을 통한 공격 구글을 직접 공략

표 2-3 반구글진영의 구글동맹에 대한 주요 공략 정리

앞서 말한 것처럼 구글의 성장과 마이크로소프트의 지위하락은 직접적인 상관관계가 있다. 그러므로 마이크로소프트의 적극적인 대응이 필요하다. 다수의 휴대폰 제조사와 경쟁하는 애플은 두말할 것도 없다. 당장 좀더 우수한 제품으로 경쟁하면 된다는 것이 통상의 시장원리가 되겠으나, 경쟁은 제품만으로 국한되지 않고 상대방의 약한고리를 찾게 마련이다. 자금, 브랜드 이미지, 사건, 위법성, 거래처와의 신뢰관계, 정치적인 슬로건 등이 모두 경쟁에 활용되듯 특허 또한 마찬가지다.

흥미로운 사실은 애플과 마이크로소프트는 서로 좋은 관계를 유지해 왔다는 사실이다. 그들은 분명히 경쟁하는 관계이지만 서로 협력하는 관계이기도 하다. 그들의 옛싸움은 스티브 잡스의 애플 복귀를 계기로 1997년에 정리됐다. 그해 마이크로소프트는 심각한 경영 위기에 직면한 애플에 1억 5,000만 달러를 투자했고, 여전히 마이크로소프는 맥용 소프트웨어를 개발해 오고 있다. 이런 우호적인 관계에서 구글이라는 공통의 적을 '단일 전선'(스마트폰, 태블릿 PC 운영체제 소프트웨어 전선)에서 맞이한 것이며 함께 싸우지 않을 이유가 없다.

물론 애플과 마이크로소프트가 서로 구글에 맞서 함께 싸우자고 협의했다는 증거는 없다. 어디까지나 퍼즐맞추기에 불과하다. 그런데 이 퍼즐은 소프트웨어의 글로벌 강자 중의 하나인 오라클의 퍼즐을 찾을 때 더욱 잘 맞춰진다. 오라클의 래리 엘리슨 회장이 스티브 잡스와 매우 친밀한 관계라는 것은 널리 알려진 사실이다. 그들의 관계가 얼마나 친숙한 관계인지는 스티브 잡스가 애플로 다시 복귀할 때의 일화를 통해서도 알 수 있다. 애플에 복귀하여 다시 애플을 장악하려는 스티브 잡스의 계획에 대해서 래리 엘리슨은 다음과 같이 화답했다. 십 수년 전의 일이다.

"좋아 스티브, 당신은 내 가장 친한 친구고 애플은 당신 회사야. 당신이 무엇을 원하든 그대로 따를게."

객관적인 사실에 기초해서 어느 회사의 전략과 본심을 추론할 수 있다. 그러나 경영자의 강력한 리더십에 의해 경영되는 회사의 경우에는 주관적인 요소를 고려하지 않을 수 없다. 즉, 경영자의 개인의 감정이나 인간관계가 어떤 합리적이고 객관적인 논거나 통계 만큼이나 중요하다는 점이다. 그리고 그런 주관적인 요소가 기업에게도 실질적으로 이익이 된다고 할 때, 때때로 그 요소는 현재를 분석하고 미래를 전망하는 작업에서도 중요하게 평가되어야 한다. 그런 점에서 위 일화가 있은 후 12년이 지난 시점에서 다시 엘리슨이 잡스를 위해 실제 잘 짜여진 각본대로 행동을 감행하기로 하고, 여기에 마이크로소프트가 참여하는 모습을 추론해 본다. 오라클의 뜻은 '신탁'이다. 비유해서 말하자면, 구글과 싸우기 위해서 이 세 회사가 신탁을 받는 것이다. 신탁은 인간들의 전략

보다 더 우월하고 강력한 지위를 갖는다. 이 신탁을 잡스의 표현
에서 다시 인용해 본다. "난 안드로이드를 무너뜨릴 겁니다."

반구글진영의 목표와 역할분담

이제 신탁을 실행하는 인간들의 행동을 들여다 보자. 애플, 마
이크로소프트, 오라클 이 세 회사의 공통된 목표는 구글에 대항하
는 것이고 안드로이드를 무너뜨리는 것이다. 구글이 갖는 시장에
서의 지위와 구글동맹의 힘을 고려해 볼 때 안드로이드를 실제 무
너뜨릴 가능성은 크지 않아 보인다. 게다가 스티브 잡스도 없는
상황에서는 반동맹의 의지가 지속적으로 계승될지 의문이다. 하
지만 그것은 어디까지나 미래의 문제이고, 현재는 싸움의 한 복판
에 있다.

이 세 회사의 목표는 우선 구글동맹을 깨는 데 있을 것이다. 세
회사가 합심해서 구글과 전쟁을 선포하더라도, 구글은 다수의 제
조사들에 의해 둘러싸여 있는 까닭에 실익이 별로 없다. 이것이
구글이 갖는 장점이다. 구글의 일련의 비즈니스 전략은, 좋은 소
프트웨어를 제조사에 개방해서 무상으로 배포하고, 제조사들에
의해 안드로이드 플랫폼이 널리 사용됨에 따라 모바일 인터넷 세
계를 장악하고, 그 기반으로 검색, 광고, 기업형 서비스 분야에서

더욱 강력한 지위를 구축하려는 것이다. 하지만 이 단순한 장점이야말로 공격하기 좋은 단점이기도 하다. 다수의 제조사들의 적극적인 협조가 필수적이어서 만일 다수의 제조사가 구글로부터 떨어져 나간다면 이는 곧 동맹의 와해를 의미한다. 그렇다면 제조사들로 하여금 안드로이드 운영체제의 사용이 득보다 실이 많음을 깨닫게 하는 것이 매우 중요하다고 할 수 있다. 바로 이 지점이 애플과 마이크로소프트와 오라클의 주된 공격 포인트가 된다.

애플은 제조사들과 직접 특허전쟁을 벌임으로써 소송부담을 증가시키고 판매금지의 압박을 주어서 안드로이드가 법적으로 안전하지 않다는 메시지를 주고, 마이크로소프트는 제조사를 상대로 간접적인 특허전쟁(법원에서 싸우는 게 아니라 테이블 위에서 협상하는 특허전쟁)을 벌임으로써 안드로이드 스마트폰의 수익률을 떨어뜨린다. 즉 안드로이드 운영체제는 무상이 아니라 유상이라는 메시지를 주는 것이다. 오라클은 구글동맹이 피하기 어려운 자바Java 언어 관련 특허를 주장함으로써 역시 안드로이드 운영체제의 가격을 올리는 전략을 선택한다.

가장 돈이 많이 드는 방법은 직접적인 소송전이므로 이는 애플이 담당하고, 제조사들이 안드로이드를 사용하지 않으면 결국 마이크로소프트의 윈도우 플랫폼을 이용할 수밖에 없으므로 제조사들의 퇴로를 확보해 주는 역할이 필요한데 그것은 마이크로소프트가 담당하고, 오라클은 제조사들의 불안감을 증폭시키는 역할

(구글이 오라클과의 소송에서 지면 그 파장은 연쇄적으로 제조사들에 미친다)을 담당하게 된다. 이렇게 짜인 각본에 따른 각자의 구체적인 전략을 살펴보자.

애플은 소송을 통해 제조사를 공략한다

구글동맹을 깨기 위한 애플의 전략은 제조사를 상대로 대규모 특허전쟁을 감행하는 것이다. 이를 통해서 애플은 일거양득의 효과를 얻고자 한다. 첫째, 구글이 모방했다고 여기는 멀티터치기술을 포함한 애플의 독자적인 기술을 지키는 것이다. 이는 특허소송의 기본적인 본질이며, 애플다운 모습이기도 하다. 둘째, 제조사로 하여금 구글의 안드로이드 운영체제 소프트웨어를 사용하면 애플과 복잡하고 어려운 소송을 피할 수 없다는 부담을 지우는 것이다. 구글동맹에 있는 한 애플의 특허로부터 초래되는 경영상의 불확실성을 피할 수 없다는 메시지를 분명하게 전할 수 있는 이점이 있다. 셋째, 애플 스스로도 특허로부터 초래되는 불확실성을 해소할 수 있는 계기를 마련한다. 휴대폰 업계의 선행주자들은 오랜 기간 동안 쌓아온 막대한 특허를 보유하고 있다. 반면에 이 분야에서 애플은 후발주자나. 선행주자들이 후발주자를 견제할 때 사용하는 가장 강력한 무기 중의 하나가 특허이기 때문에 애플은 선행주자들의 특허공세를 견뎌야 한다. 이것은 소송이 될 수도 있고, 협상이 될 수도 있다. 그런데 선행주자들이 약점을 가지고 있다면 그 약점을 최대한 활용해서 자신을 특허로 견제하는 것을 봉쇄하거나 혹은 협상에 유리하게 활용할 수 있다. 그 약점이 바로 제조사가 자사의 OS를 사용하는 게 아니라 구글의 안드로이드를 무상으로 공급받아 사용하고 있다는 점이다.

앞서 지적한 것처럼 구글이 첫 번째 안드로이드 폰을 HTC를 통해 출시했을 때 애플은 바로 소송을 감행하지 않았다. 그 버전의 제품에 멀티터치 등 몇 가지 기능이 빠져 있다는 점, 아직 소송에서 필요한 특허들이 취득되지 않았다는 점(특허는 계속해서 등록되고 있으며 이것이 무서운 점이다) 등도 있지만, 소송을 감행한다면 어떤 제조사를 상대로 할 것인지(모든 제조사와 싸우는 것은 효율적이지 못하기 때문에), 어떤 특허로 공격할 것인지, 그리고 그 소송에서 제조사들이 어떤 특허로 애플에게 반격할 것인지에 대한 법리적인 검토에 무엇보다 많은 시간을 들였을 것으로 보인다. 또한 애플은 각 제조사를 상대로 해서 그 회사의 특성에 맞는 유효적절한 특허와 법리를 선택했을 것이다. 당연한 이야기다.

재미있는 것은 내가 1만 건의 특허를 보유했다고 하더라도, 유감스럽게도 그 특허의 상당수가 경쟁자를 공격하는 무기로는 쓸모 없는 경우가 많다는 점이다. 시장의 원리 때문에 그렇다. 특허라는 권리만 보고 시장에서의 제도적, 계약적, 정치적인 면을 고려하지 않는다면 이는 곧 나무만 보고 숲을 보지 못하는 것과 같다. 상당수의 특허는 시장에서 무력화 된다.(시장에 참여하지 않고 페이퍼 특허 paper patent만 양산하는 '특허괴물'의 경우에는 사뭇 다르다.) 선행주자인 제조사들의 상당수의 특허는 사실상 애플을 상대로 힘을 발휘하지 못할 수 있다. 왜 그런지를 인식하는 것이 애플의 작업이기도 하거니와, 이를 관전하고 이해하는 우리의 몫이기도 하다.

(1) 우선 가장 기초적인 법리 측면에서, 특허범위에 속하지 않는 기술이라면 전혀 문제될 것이 없다. 그래서 경쟁자들의 특허를 사전에 조사하고 특허범위를 살펴 본다.

(2) 특허의 부품화다. 피할 수 없는 특허가 있더라도 그 특허가 어떤 제품(예컨대 '칩셋')으로 구현되는 것이라면, 그 제품을 시장에서 정당하게 구입함으로써 특허침해 문제를 회피할 수 있다. 일종의 시장원리다. 예컨대 무선통신기술 분야에 있어 매우 강력한 특허를 보유하고 있는 퀄컴의 특허기술이 결국은 칩에 구현되거나 그 칩을 사용함으로써 구현되는 것이라면, 그 칩을 퀄컴 혹은 퀄컴으로부터 정당한 라이선스를 받은 자로부터 구매함으로써 퀄컴의 특허를 피할 수 있다. 이것이 바로 '특허소진론'이다. 특허의 위험도를 부품 구입으로 줄일 수 있다.

(3) 시장에서의 비즈니스는 막무가내로 이루어지는 것은 아니다. 계약에 기초하며 여러 가지 규칙을 갖고 이루어진다. 시장의 규모가 크다면 그 시장에 관련된 기술에 대한 특허도 많아진다. 이를테면 무선통신에 관련된 전 세계 특허 모두를 합산하면 수십만 개에 이를 수도 있다. 특허 1개를 침해하면 자칫 제품 전체를 팔지 못할 수 있다. 따라서 특허가 많을수록 특허로부터 초래되는 위험도는 크게 증가될 수밖에 없다. 원론적인 이야기다.

그러나 실제에서는 다른 양상을 보인다. 시장 규모가 크고 특허가 많으면 많을수록 특허로부터 초래되는 위험도는 이론적으로만 높을 뿐, 현실적으로는 오히려 크게 낮아지게 된다. 그 시장에 참여한 글로벌 제조사들이 많다면, 제조사마다 많은 특허를 보유하게 된다. 서로 무기가 많아지는 것이다. 결국 시장이 안정되면 굳이 싸울 필요가 없기 때문에 제조사들끼리 각종 계약을 체결하여 특허싸움을 하지 않기로 약정한다. 각종 협약서들이 생긴다. 그리고 이들 협약이 연쇄적인 반응을 일으키기도 한다.

예컨대 퀄컴의 칩을 구매했는데, 삼성전자와 퀄컴 사이에 어떤 계약이 있어서 그 계약서에 서로 자기 제품을 판매함에 있어 특허 주장을 하지 않기로 한 협약이 있었다면, 퀄컴의 칩을 구매한 기업은 삼성전자의 관련 특허로부터도 벗어날 수 있는 기회를 얻을 수 있다.

(4) 비즈니스 관계도 그러하다. 납품계약을 체결할 때에는 수량, 단가, 계약기간이 정해지게 되는데, 납품자가 납품을 받는 자에게 물건을 공급하면서 자기 특허를 침해했다고 주장할 수는 없다. 당연한 이야기다. 물론 납품과 관련없는 제품에 대한 특허를 주장할 수는 있다. 그런데 한걸음 더 나아가서 당사자 간 영업관계의 규모가 커지면, 납품자의 비즈니스와 관련없는 특허에 대해서도 납품을 받는 자의 위험도는 현저히 떨어진다. 납품자가 제삼의 특허로 특허소송을 제기하면, 자칫 그 상대방과의 비즈니스에 파국을 몰고올 가능성도 있기 때문이다. 즉 특허권자와 상대방 사이의 이른바 갑을 관계가 역전된다.

(5) 표준특허에 대한 분석이 필요하다. 이미 그 분야의 터줏대감이 된 글로벌 대기업들은 각종 표준기술에 대한 특허를 보유하게 되는데, 이런 표준특허들은 후발주자를 견제함에 있어 강력한 무기가 되기도 한다. 하지만 표준특허의 정신은 후발주자를 배려하기 위한 목적이 강하기 때문에 이를 이용해 후발주자를 무릎 꿇리는 것은 온당치 못한 면이 있다. 후발주자인 애플의 입장에서는 특히 '표준특허'에 대한 대응이 매우 중요하게 검토되었을 것인데, 이에 대해서는 3장에서 구체적으로 살펴보기로 한다. 다만, 애플은 구글농냉이 아닌 노키아와 먼저 벌인 소송에서 표준특허에 대한 충분한 학습을 했을 것이다.[3]

(6) 경쟁법의 원리에 대한 분석이다. 특허는 독점을 허용한다. 그리고 그 독점을 국가가 나서서 옹호한다. 상당히 예외적인 취급이다. 원칙적으로 국가의 임무는 부정한 경쟁행위를 규제하는 것이다. 부당한 독점적인 지위는 강력하게 통제된다. 특허제도는 이런 반독점법 원칙의 예외로 취급된다. 그러나 만일 특허권자의 행위가 법이 정한 범위를 넘는다면 다시 원칙으로 돌아가 반독점법의 적용을 받을 수 있다. 일반적으로 특허권자가 자기 특허를 주장해서 판매금지를 요구한다면 그 행위 자체는 적법하다. 애플이 자기 특허를 주장하든, 삼성전자가 자기 특허를 주장해서 판매금지를 요청하든 아무런 문제가 없다. 그런데 만일 그 특허가 표준특허라면 이야기가 달라질 수 있다.

앞서 말한 것처럼 표준특허는 특허권자를 옹호해주면서도 동시에 후발주자를 배려하는 것인데, 이 옹호와 배려가 모두 지켜지지 않으면 정당한 특허권의 행사로 여겨지지 않고, 그러면 국가는 특허제도에 대한 반독점법 적용의 예외를 철회할 수 있다. 반독점법은 글로벌 특허전쟁을 이해하는 매우 중요한 열쇳말이므로 관심 있게 바라보자.

이와 같이 애플은 제조사를 상대로 한 일대 다수의 특허전쟁을 감행함에 있어서 위와 같은 사항들을 면밀히 검토했을 것이다. 위와 같은 사항들을 우리가 여기서 잘 이해하고 기억한다면, 예컨대

그간의 애플과 삼성전자의 글로벌 특허전쟁의 흐름과 앞으로의
전망을 좀더 잘 이해할 수 있게 된다.

마이크로소프트는 협상전략으로 제조사를 공략한다

애플이 소송을 통해서 제조사를 상대로 한 특허전쟁을 감행했
다면, 마이크로소프트는 협상전략으로 제조사들을 공략하는 역할
을 담당한다. 협상의 무기는 마이크로소프트의 강력한 특허들이므
로, 간접적인 특허전쟁이라고 말할 수 있다. 기본적인 목적은 구글
동맹에 참여한 안드로이드폰의 수익률을 떨어뜨리고 애플의 상대
방에 대한 퇴로를 확보하는 것이다. 요컨대 불안한 안드로이드폰
을 쓰지 말고 안전한 윈도우폰으로 바꾸라는 것이다. 그러면 애플
과의 소송도 피할 수 있고, 더 저렴하고(애플과 오라클의 역할이 좀 더
필요하겠다) 더 좋은 기술임을 제조사들에게 납득시켜야 한다.

마이크로소프트의 구글동맹에 대한 공략은 손쉬운 게임인 측면
이 있다. 힘들이지 않고 경제적인 이익을 취할 수 있기 때문이다.
그들은 자신의 강력한 소프트웨어 특허를 이용해서 제조사들을
공략했는데, 마이크로소프트 주장의 요지는 바로 "너희가 구글의
안드로이드를 무싱으로 이용하고 있는 것을 알고 있는데, 사실 그
안드로이드 소프트웨어는 우리 마이크로소프트의 특허를 침해한

것이다. 그러므로 안드로이드 사용대가를 우리에게 지불하라"는 것이다. 구글동맹의 입장에서는 다소 황당한 주장일 수 있지만, 특허침해는 해당기술을 개발해서 공급하는 행위뿐만 아니라 해당기술을 다른 사람에게 공급받아서 사용하는 행위에도 미친다. 즉, 마이크로소프트는 구글을 상대로 특허침해를 주장할 수도 있지만, 구글동맹에 참여한, 즉 안드로이드 운영체제 소프트웨어를 사용하는 제조사를 상대로도 주장할 수 있다. 상대방을 선택하는 것은 특허권자의 자유다. 마이크로소프트는 곳곳에서 성과를 거뒀다. 결과적으로 HTC는 안드로이드폰 1개를 판매할 때마다 5달러의 로열티를 구글이 아닌 마이크로소프트에게 지불하게 되었다. 그리고 삼성전자와 LG전자도 비슷한 계약을 마이크로소프트와 체결했고, 이는 구글동맹에 참여한 제조사 전체로 확장될 것이다. 구글은 제조사에게 안드로이드 운영체제 소프트웨어를 무료로 공급하지만, 안드로이드는 더 이상 무료가 아니다. 그만큼 안드로이드폰에 관한 제조사의 수익률은 떨어지게 되고, 그 경제적 이익은 마이크로소프트가 얻게 되는 구조다.[4]

구글에 합병된 모토로라를 제외한 대부분의 제조사들은 마이크로소프트의 특허공세에 두 손을 들었다. 마이크로소프트가 주장한 특허의 강력함도 한몫을 했겠지만, 제조사의 입장에서는 소송을 통해 강력하게 저항하기 어려운 상황도 존재한다. 후자가 중요하다. 애플과 경쟁하는 입장에서는 구글의 안드로이드는 매우 유용하고 적절하다. 하지만 만일 특허전쟁의 결과 또는 시장경쟁에서의 패배로 더 이상 안드로이드를 사용할 수 없게 된다면, 또한 구글에 대한 지나친 종속을 경계하고자 한다면, 제조사가 취할 수 있는 대안은 사실상 마이크로소프트의 윈도우밖에 없다. 즉 안드로이드가 봉쇄되거나 경쟁력을 상실하면 사실상 윈도우폰이 제조사의 유일한 퇴로가 된다. 그렇기 때문에 삼성전자와 HTC는 주력 안드로이드폰임에도 불구하고 윈도우폰도 함께 제조해서 그 명맥을 유지하고 있는 것이다.

여기까지는 마이크로소프트의 즐거움이다. 하지만 이 즐거움이 곧 마이크로소프트의 미래를 보장해 주는 것은 아니다. 앞으로의 시장이 PC에서 모바일 단말(스마트폰과 태블릿 PC)로 넘어간다고 봤을 때, 여기서 주도권을 잃으면 구글과의 경쟁에서 완전히 밀릴 수 있기 때문이다. 익스플로러라는 강력한 웹 브라우저의 지위를 상실할 수도 있고, 검색엔진의 경우에도 구글을 상대할 수 있는 가능성조차 잃게 되기 때문이다. 따라서 특허가 아닌 시장에서의 저력을 마이크로소프트가 보여줘야 한다. 그런 점에서 새로운 윈도우폰의 신뢰도와 시장점유율을 의미 있는 수준으로 늘리지 않으면 안 된다. 이것이 마이크로소프트의 어려움이다.

글로벌 특허전쟁의 맥락에서 보자면, 구글동맹에 참여하기를 거부하고 윈노우폰에 전력투구하는 노키아의 제품들에 대한 시장 반응과 실적은 매우 중요하다. 노키아가 장차 그들이 원하는 성공을 거머쥔다면 복잡한 글로벌 특허전쟁에서 제조사들이 벗어나는 퇴로가 열릴 수 있다. 특허문제로 골치 아픈 안드로이드가 아닌 비교적 안전한 윈도우에 집중할 수도 있으며, 그것이야말로 구글 동맹의 진정한 파열구가 될 수 있다.

한편, 마이크로소프트의 위와 같은 특허전략에는 한 가지 예외가 있다. 바로 모토로라와의 관계다. 2011년 여름 구글은 모토로라를 인수했다. 모토로라가 곧 구글이 되는 것이다. 그러므로 이것은 협상전략으로 갈 수가 없게 됐다. 마이크로소프트는 2011년 8월 모토로라를 상대로 특허소송을 개시하기에 이르렀다. 그리고 2012년 2월 마이크로소프트는 애플과 마찬가지로 모토로라를 상대로 유럽연합 집행위원회에 특허권남용의 반독점 조사를 신청했다(애플은 표준특허의 남용을 이유로 모토로라에 대한 반독점 조사를 신청했고, 마이크로소프트는 표준특허에 기초한 모토로라의 과다한 로열티 요구를 이유로 반독점 조사를 요구한 것이다).

오라클은 구글을 직접 상대한다

오라클의 임무는 퇴로 없는 전쟁을 벌이는 것이다. 그것도 구글과 정면으로 싸우는 임무다. 2009년 4월 오라클은 74억 달러로 썬마이크로시스템즈를 전격 인수했다. 썬마이크로시스템즈는 자바

기술의 특허를 보유하고 있었다. 오라클이 썬마이크로시스템즈를 인수함으로써 자바특허를 손에 거머쥐었다. 이 자바기술은 안드로이드 운영체제 소프트웨어의 핵심기반이 되는 기술이어서 구글이 자바특허를 피할 수 없는 상황이다. 오라클은 2010년 8월 구글을 직접 상대로 소송을 개시했다.

우리는 이 시점에서 왜 오라클은 구글과 직접 싸우는데, 애플과 마이크로소프트는 구글과 직접 소송을 하지 않고, 애꿎은 제조사들을 괴롭히는 것인지 의문이 들 수 있다. 그 까닭은 소송전략 차원에서 그렇게 하는 편이 더 편리하고 효과적이며 위험부담이 없는 방법이기 때문이다.

제조사를 상대로 하는 소송은 더 치명적이다. 구글이야 어차피 안드로이드를 제조사에 무상으로 공급하기 때문에 설령 그것이 더 이상 안 된다고 하더라도 당장의 피해가 발생하지 않는다. 그러나 제조사의 경우에는 제품을 판매하지 못하면 당장 피해가 발생하는 구조이므로 제조사를 상대로 하는 것이 구글을 상대로 하는 것보다 훨씬 효과적이다. 또한 어차피 법원에 증거를 제출함에 있어서 제조사의 제품을 제출하게 되므로 그럴 바에야 그 제조사를 상대로 소송을 하는 쪽이 합리적이고 간명하다. 게다가 앞서 살펴본 일거양득의 효과를 거둘 수 있다.

반면에 구글을 직접 상내로 소송을 하면 제조사는 당장 위험부담이 없기 때문에 편안하게 안드로이드폰을 제조하고 팔게 될 것이다. 구글을 직접 상대로 해서 애플과 마이크로소프트가 얻는 이익도 없다. 제조사와는 다양하게 협상을 할 수 있고 퇴로의 여지도 많으나, 구글과는 협상의 여지도 별로 없다. 자칫 잘못 협상을 하면 시장을 지배하는 회사들 간의 협상이 돼서 반독점법의 적용을 받을 우려도 있어서 바람직하지 못하다.

반면에 오라클의 경우는 완전히 다르다. 구글과 오라클의 영업 분야가 상이해서 현재까지는 서로 직접적으로 경쟁하는 상대가 아니다. 즉 소송에서 지더라도 오라클이 피해를 입을 게 별로 없다. 반면에 오라클이 이기면 막대한 로열티를 받게 된다. 게다가 구글이 오라클을 상대로 반격할 수 있는 무기가 마땅히 보이지 않았다. 오라클이 양보할 이유가 별로 없는 소송전이 되는 것이다. 현재로서는 퇴로가 보이지 않는 소송이며 구글로서는 매우 신경 쓰이는 소송이 아닐 수 없다.(2011년을 거치면서 오라클의 공세는 한풀 꺾인 것처럼 보인다. 구글은 잘 방어했고 오라클의 주요한 주장 몇 가지가 기각된 상태다. 그러나 소송은 현재 여전히 정점을 향하고 있다. 2012년 여름이 오기 전에 법원의 판결이 행해질 것으로 전망된다.)

만일 구글이 이 소송에서 지게 되면 그 여파가 제조사에 바로 미칠 수 있다. 구글이 특허침해에 따른 피해를 감수하고 여전히 제조사에게 안드로이드 운영체제를 무료로 공급한다고 하더라도, 오라클은 제조사를 상대로 직접 소송을 할 수도 있기 때문이다.[5]

삼성전자는 종속변수다

나는 일전에 언론과의 인터뷰에서 애플과 삼성전자의 글로벌 특허전쟁은 2012년 여름이 지나기 전에 협상으로 종료될 것이라는 전망을 했다. 그것은 경영에 불확실성을 초래하는 특허제도의 근원적인 문제점과 두 회사가 갖고 있는 깊은 비즈니스 관계와 소송의 여러 경과과정을 고려해 봤을 때, 삼성전자가 사실상 백기(제품의 외관을 변경)를 드는 선에서 소송이 협상으로 종결될 것으로 전망했다. 그러나 그것은 단견이었다. 삼성전자는 처음부터 소송을 그르치고 있었고, 2011년 겨울을 지나면서 승패의 무게추는 완전히 애플로 기울어져 있었다. 애플이 삼성전자와의 협상에 쉽게 응해 줄 리 없다. 삼성전자의 요구가 100이면 애플은 그보다 훨씬 낮은 기대치로 반응할 것이다. 그런 반응이 서로 악수하기에 이르지 못한다면, 다시 참호를 파고 진지를 구축한 다음에 긴 전투를 하게 될 것이다.

물론 협상은 언제나 열려 있고, 지금도 두 회사는 협상 중일 테지만, 그 협상은 애플이 삼성전자에게 지급하게 되는 로열티 문제(로열티 지급 여부와 액수를 둘러싼 협상)에 국한될 것 같다. 그런데 애플이 부담을 갖는 그런 로열티 문제조차 애플을 상대로 한 삼성전자의 소송전략에 전혀 성과가 없었다는 점, 급기야 삼성전자를 상대로 한 유럽연합 집행위원회의 반독점조사가 개시되었다는 점은 애플에게 매우 좋은 호기로 작용하고 있기 때문에 애플이 양보하기 어려운 국면이 되었다. 따라서 애플이 양보하고 삼성전자가 만족할 만한 협상은 요원해 보인다. 게다가 애플에게 다소 유리한 상황인 미국재판은 아직 본안심리조차 열리지 않았다. 미국에서의 1심 재판이 나오고, 그 파장을 경험하지 않고서는 두 회사가 쉽게 출구전략을 실행하지 않을 것으로 판단된다.

게다가 애플의 입장에서 보자면 협상을 통해서 삼성전자와의 소송을 종결해서도 안 된다. 지금 애플은 HTC와도 소송 중에 있으며 모토로라와도 소송 중에 있다. 특히 모토로라는 구글과 한 몸이 된 상황이라서 애플에게는 가장 중요한 상대가 됐다. 더욱이 모토로라는 독일 재판에서 자신의 표준특허로 애플에게 타격을 입힌 상황이다. 애플은 모토로라의 표준특허에 정면으로 맞서야 하는데, 흥미로운 것은 삼성전자도 모토로라처럼 표준특허로 애플을 공격했다는 점이다. 같은 표준특허인데 삼성전자의 공격은 현재까지는 무력화됐고, 엎친 데 덮친 격으로 유럽연합의 반독점조사를 받게 된 상황이다. 그러니까 애플은 삼성전자와의 유리한 소송결과를 이용해서 모토로라와의 싸움에 활용해야 한다(물론 그 반대로 모토로라와의 소송에서 유리한 결과를 삼성전자에게도 사용할 수 있다). 그런 점에서 현재까지는 삼성전자와의 유리한 소송을 구글동맹과 일대다로 싸우고 있는 애플이 쉽게 협상으로 종결할 가능성이 현저히 낮아진 것이다.

또한 삼성전자가 안드로이드폰을 제조하고 판매하는 대표적인 기업이라는 점에서도 포괄적인 타결은 당분간 거의 불가능해 보인다. 구글동맹(구글과 안드로이드 단말기 제조사들)과 반구글진영(애플, 마이크로소프트, 오라클) 사이에서 벌어지는 소송에서, 애플과 삼성전자 간의 소송은 종속변수로 작동되고 있기 때문이다. 또한 현재까지의 국면은 각본대로 반구글진영에 유리하게 전개되고 있기 때문에 애플이 물러설 까닭이 없다. 더욱이 삼성전자는 애플을 상대로 한 대규모 특허소송전에서 그럴듯한 타격을 애플에게 입히지도 못한 상황이다. 삼성전자가 특별히 애플에게 두 손을 들지 않는 한, 삼성전자와 애플 사이의 특허전쟁은 당분간 지속될 것으로 보인다. 수많은 뉴스기사를 낳으면서 말이다. 하지만 삼성전자와 애플 간의 소송은, 특별한 이벤트가 없는 한, 삼성전자의 소송팀에 대단한 창의성과 상상력이 임하지 않는 한, 어디까지나 글로벌 특허전쟁(구글동맹 대 반구글진영 사이의 특허소송전)의 종속변수로만 작동한다.[6]

3장

애플과 삼성전자의 특허전쟁

애플과 삼성전자의 특허전쟁은 애플이 개전했지만 삼성전자가 확전했다. 이 소송전이 지금과 같은 글로벌 규모로 커진 까닭은 상당부분 삼성전자의 의도였다. 애플의 입장에서는 일대다(HTC, 모토로라, 삼성전자를 상대로 함)의 소송전이라서 소송을 잘 통제하는 것이 매우 중요했다. 그렇기 때문에 애플은 2011년 4월 미국 법원에서만 소송을 개시했다. 반면에 삼성전자는 애플을 상대로 일대일 소송을 하는 것이고, 보유 특허도 애플보다 강력하고 많기 때문에 소송을 여러 나라로 확전함으로써 애플을 궁지에 몰 수 있을 것이라 기대했던 것으로 보인다. 1년이 지난 시점에서 고찰하면 애플의 전략이 삼성전자의 전략보다 정교하고 효과적이었음을 알 수 있다. 애플은 소송에서도 창의성과 상상력이 중요함을 입증했다.

스티브 잡스의 모순되는 두 가지 진술

2011년 가을 스티브 잡스는 그 화려했던 생을 마감했다. 그는 곧 애플이었으며 애플은 그 자신이었다. 잡스의 기업가 정신이 바로 애플의 이념이었고 애플의 정신이 곧 잡스의 이념이었다. 비록 잡스가 세상을 떴으나, 그의 철학과 원칙은 팀 쿡을 비롯한 애플의 경영진에게 아직 존경과 공감으로 남아 있다. 특허전쟁은 기업의 '지적재산'에 관련한 분쟁이기 때문에 지적재산에 관한 스티브 잡스의 철학에 귀를 기울여 볼 필요가 있다. 여기 두 가지 상반되는 잡스의 진술이 있다. 이것이 양립불가능한 모순이라고 이해하면 지적재산의 본질을 잘 이해할 수 없게 된다. 그러나 이것은 모순되지 않고 잘 어울린다고 보면 지적재산의 다양한 면모를 볼 수 있고 애플의 전략을 좀 더 정확하게 전망할 수 있다.

"저는 일찍이 애플 초창기부터 회사가 번영하려면 지적재산을 창조해야 한다는 것을 깨달았습니다. 사람들이 우리 소프트웨어를 복제하거나 훔쳤다면 애플은 파산했을 것입니다. 만약 소프트웨어가 보호를 받지 못한다면 새로운 소프트웨어나 제품 디자인을 개발할 의욕도 없어질 것입니다. 지적재산에 대한 보호가 사라지기 시작하면 창조적 회사들도 모두 사라질 것이고 창업도 이루어지지 않을 것입니다. 또한 지적재산을 보호해야 할 더욱 간단한 이유가 있었지요. 도둑질은 나쁜 짓이니까요. 그것은 사람들에게 상처를 입히고 자기 자신의 인격도 손상하지요.(『스티브 잡스』 전기에서 인용)"

그런데 잡스는 지적재산에 대해서 완전히 정반대의 진술을 하기도 했다.

"피카소는 '좋은 예술가는 모방하고 위대한 예술가는 훔친다'라고 말했습니다. 우리는 훌륭한 아이디어를 훔치는 것을 부끄러워한 적이 없습니다."

모방과 관련해서 한편으로는 도둑질이라면서 매우 감정적으로 반응하는 한편, 또 한편으로는 피카소를 인용하면서까지 훔치는 걸 권하는 태도다. 사람들은 이런 모순을 비난하기도 하지만, 그렇지 않다. 잡스의 두 가지 진술 모두 옳다. 전자는 디자인과 저작권에 관한 것이고, 후자는 기술에 관한 진술인 까닭이다. 지적재산은 저작권, 브랜드, 디자인, 특허 등으로 이루어지는데 이들의 성격은 본디 저마다 달라서 그 차이점을 잘 파악할 필요가 있다.

어떤 기능을 수행하는 물物이 있다고 가정하자. 그 물이 실존하기 위해서는 인간의 감각으로 인식되는 '외관'(음악과 같은 청각적 외관을 포함한다)이 있고, 인간의 감각으로는 볼 수 없지만 그 물을 실존하게 하는 '원리'가 있다. 저작권, 상표권, 디자인특허(전문가들은 실무적으로 '디자인권'이라고 부른다)는 물의 '외관'에 관련된 지적재산임에 비하여, 기술특허(통상 '특허'로 부른다)는 물의 '원리'에 관련된다. 모방행위는 도둑질이라고 비난하는 것은 '외관'에 관한 것이며, 모방을 권장하는 것은 '원리'에 관한 것이었다.

외관에 대한 지적재산과 원리에 대한 지적재산은 공통점보다는 차이점이 더 크기 때문에 이것을 잘 구분해서 바라 봐야 한다. 우선 기술특허는 공개에 대한 대가이고, 국가는 특허제도를 이용해서 개발자들의 기술공개를 장려함으로써 누구든지 그 특허문헌을 보고 기술원리가 공유되도록 노력한다는 것이다. 따라서 외관에 대한 모방은 도덕적 비난을 받지만 원리에 대한 모방은 그렇지 않다. 외관은 소비자를 보호해야 하는 공익적 임무가 수반되지만, 원리는 꼭 그렇지는 않다. 외관은 소비자를 향하지만 원리는 제조사를 향한다.

이를테면 누군가 타인의 저작권, 상표권, 디자인특허 등을 침해했고 이에 권리자가 소송을 제기했다면, 이는 마치 도덕적인 책임을 추궁하는 듯한 소송공격이 된다. 왜냐하면 이를 규제하는 법률의 공통적인 특징은 '소비자에게 오인 혼동'을 초래하는 것으로부터 권리자를 보호하는 태도를 취하기 때문이다. 만일 소비자가 모방자의 제품을 권리자의 제품으로 혼동하면, 대개 권리자가 피해를 입게 된다. 통상 모방자의 제품은 나쁜 품질에 저렴한 가격으로 경쟁하기 때문이다. 이로 말미암아 권리자에게 나쁜 평판이 생길 수도 있다. 그렇기 때문에 침해여부를 판단하는 판사들도 마찬가지로 '소비자의 오인 혼동 여부'를 주로 심리하게 된다. '카피캣 copycat'이라는 비난 언사는 때로 적절하다.

후발기업이 경쟁관계에 있는 선행기업의 인기 제품을 모방할 적에는 아무래도 선행기업의 인기 있는 제품에 대한 소비자들의 신뢰성에 편승하려는 마음이 생기기 마련이다. 그 제품이 일단 시장에서 크게 성공하게 되면, 후발기업은 외관이 유사한 제품을 출시하고픈 유혹에 빠진다. 이 경우 후발기업은 자기에 앞선 타인 제품의 '외관'의 존재를 분명히 '인식'하게 된다. 그렇기 때문에 기술특허보다 도덕적 비난이 생기는 것이다. 바로 이점이 디자인특허와 같은 외관에 관한 권리의 침해가 악의적으로, 즉 부정한 목적으로 해석될 여지가 많은 셈이다.

물론 똑같이 모방하는 경우는 드물다. 양심과 눈치가 있기 때문에 으레 약간은 변경하기 마련이다. 즉 동일하게 만드는 게 아니라 외관을 다소 바꾸게 된다. 참조는 했으나 모방은 아니라는 말이다. 다소 바꿨기 때문에 특별히 문제가 없으리라고 기대하기도 한다. 하지만 그렇지 않다. 법리적으로 '외관'에 대한 침해 판단은 '동일성' 개념이 아닌 '유사성 개념'이다. 앞서 말한 것처럼 '외관'에 관한 권리는 소비자의 혼동 관점에서 이루어지므로 동일성 개념에 머문다면 소비자의 혼동 여부를 따질 필요가 없다(어차피 소비자들은 같은 제품으로 인식할 테니깐). 똑같은 모방은 침해사실이 매우 분명해서 서로 격렬한 분쟁이 생길 가능성도 극히 드물다. 대부분 경우 유사하게 모방한다. 그러나 어쨌든 '다 알고 그러는 일'이고 그로 말미암아 누구의 제품인지에 관해서 소비자들이 헛갈려 한다는 것 자체가, 바로 도덕적 책임을 불러오게 만든다.

이번에는 기술특허에 대해 살펴보자. 물론 기술특허도 침해자에게 법적인 책임을 묻는다. 하지만 이것은 어떤 공공의 이익을 지키기 위함이기도 보다는 특허권자의 사익을 경쟁관계에 있는 침해로부터 보호하기 위한 것이어서 일반적으로 침해자에게 도덕적인 책임까지 추궁하지는 않는다(가끔 대기업과 중소기업 사이의 특허분쟁 경우에 대기업을 향해 도덕적 비난을 하기도 한다. 그러나 대개 약자에 대한 측은심에서 비롯돼 대기업의 횡포를 비난하는 모습을 띤다).

모든 특허는 공개되며 따라서 경쟁자는 그 특허를 참조할 수 있다. 이것이 바로 특허제도의 본질이다. 특허는 기술공개에 대한 대가다. 이런 연유로 특허기술을 활용하는 것은 당연한 처사가 된다. 그러나 활용은 하되 권리를 침해해서는 안 되기 때문에 법리적인 아슬아슬한 줄타기를 하게 된다. 실제 많은 기업들은 특허분쟁을 피하기 위해서 많은 노력을 경주하고 있다. 만약 경쟁사의 특허를 살펴보고 무서운 특허가 도사리고 있다면, 일단 제품 출시 전에 그 특허를 어떻게 피할 것인가를 생각한다. 실제로 그러하다. 경쟁자의 특허가 존재하고 있음을 '인지'한 순간부터는 법적으로 문제가 발생하지 않도록 회피설계를 하기 마련이다. 어떤 특허를 인지했음에도 회피설계를 하지 않고 그것을 모방해 제품을 만드는 경우도 물론 있다. 이런 경우도 그 특허를 무효시킬 수 있는 확실한 증거를 찾아놓고 대비하려고 노력하거나 또는 장차 문제가 되더라도 협상을 할 수 있는 무기를 갖고 있기 때문이다.

이런 연유로 특허침해사건의 대부분은 그 특허의 존재여부를 몰랐거나, 알았다고 하더라도 특허침해에 해당하지 않는다고 스스로 법리적인 판단을 한 경우가 대부분이다. 악의적으로 특허침해를 해서 모방 제품을 만드는 경우는 사실상 드문 일이다. 이런 현실이 우리가 특허침해자를 도덕적으로 비난하지 못하게 만드는 까닭이다.

더욱이 '표준기술'의 경우에는 애당초 누구나 그 기술을 사용하도록 열어놓은 것이고, 표준기술의 정신이란 선행기업이 쌓아두었던 성과를 후발기업이 좀 더 쉽게 이용할 수 있도록 배려한다는 것이므로, 표준기술에 관한 특허(표준특허)를 침해했다고 도덕적으로 비난하기는 더더욱 어렵다. 만약 특허침해가 곧 도덕적 비난을 동반하는 것이라면, 세상의 모든 기업은 악덕기업이 되는 숙명을 피할 수 없다.

스티브 잡스의 상반된 진술로 돌아와서 보면, 이와 같이 제품의 외관에 관한 모방은 창작자의 영혼을 짓밟는 행위로 도둑질과 같은 행위로 치부되지만, 기술 아이디어의 모방은 종래기술을 이용해서 혁신에 이르는 길이므로 권장할 만하다는 것이다. 충분히 양립 가능한 이야기다. 그렇기 때문에 우리가 타인의 제품을 모방하려고 할 적에는, 그것이 외관을 유사하게 모방하는 경우라면 도덕적인 공격과 비난을 견딜 수 있는지를 고려해야 한다. 그리고 도덕적 비난에서 비롯되는 브랜드 이미지 손상 또한 염두에 둬야 한다. 따라서 권리침해에 해당하지 않도록 극도로 유의해야 한다. 반면에 제품의 원리를 유사하게 모방하는 경우에는 일반적인 특허침해 대응전략에 따라 회피설계를 하거나 합리적인 협상전술을 구사하는 방식으로 접근하게 된다. 이 경우 도덕적인 부분은 거의 고려되지 않는다.

우리는 디자인과 기술의 개념을 구별한다. 하지만 디자인과 기술이 갖는 의미의 차이를 명확히 구분하기란 좀처럼 쉽지 않다. 특허제도에서도 마찬가지다. 외관이라고 해서 모두 기술과 무관한 것이 아니며, 원리라고 해서 디자인과 무관하지 않다. 예컨대 사용자 화면으로 표시될 수 있는 소프트웨어 기술은 '원리'이기는 하지만 외관 디자인과 직결된다. 하지만 아이패드용 스마트 케이스(그림3-1)는 '외관'이긴 하지만 케이스 기능과 받침대 기능을 자석원리에 의해 달성하는 기술과 직결된다.

그림 3-1 애플의 아이패드용 스마트 케이스

지금까지 디자인특허와 기술특허를 소송법적 관점과 도덕적 책임의 관점에서 비교해 보았다. 이렇게 비교하면 디자인특허의 중요성이 도드라진다. 하지만 오늘날 디자인과 기술의 경계점이 더욱 불분명하다는 점에서, 외관은 무조건 디자인특허로 보호하고, 원리는 모두 기술특허로 보호한다는 것은 편견에 불과하다. 외관에 관한 것도 기술특허로 보호받을 수 있으며, 원리에 관한 것도 디자인특허로 보호받을 수 있으며, 혹은 기술특허와 디자인특허로 중층 보호받는 것도 가능하다. 지적재산으로서 디자인특허와 기술특허는 융합convergence될 수 있다.

다시 애플로 돌아오자. 이런 점에서 글로벌 특허전쟁에 있어서 애플의 전략은 '외관'에 관한 한 공격적으로 대응하며 절대 물러서지 않을 것이다. 반면에 '원리'에 관해서는 끊임 없이 협상을 추구할 것이다. 여기서 사용자 화면으로 표시될 수 있는 소프트웨어 기술은 '원리'이기는 하지만 '외관'과 직결되므로 애플이 쉽사리 양보하기는 힘들 것이다. 예컨대 멀티터치 기술이나 잠금화면 해제기능 등이 그러하다.

애플이 개전하고 삼성전자가 확전하다

2011년 4월 캘리포니아에서 드디어 애플이 삼성전자를 상대로 특허전쟁의 포문을 열었다. 그러나 이는 이미 예견된 소송이었다. 2010년 이미 삼성전자는 대만의 HTC와 더불어 안드로이드 제품의 쌍두마차를 형성하고 있었고, 애플은 1년 전에 HTC와의 소송을 개시했으며, 또 다른 구글동맹의 일원인 모토로라와도 불과 6개월 전에 특허소송을 벌이기 시작했기 때문이다. 게다가 불과 40일 전에 스티브 잡스는 아이패드 2 제품 발표회에서 삼성전자를 지목하며 '짝퉁copycat'으로 비난하기도 했다. 잡스는 2011년이 짝퉁의 해Year of the copycats이라는 표현을 썼지만, 이는 곧 소송의 해 Year of the suits에 대한 은유였다.[1]

삼성전자는 애플이 미국 법원에서 자사에 제기한 특허침해소송에 맞서 불과 열흘도 되지 않아 애플이 자사의 특허를 침해했다고 소송을 제기하며 반격했다. 미국뿐만 아니라 한국, 일본, 독일, 영국, 프랑스, 이탈리아로 소송을 확전했다. 이에 맞서 애플은 네덜란드와 호주를 새로운 전쟁터로 삼았다. 소송은 애플이 시작했으나, 글로벌 소송으로 확전하는 것은 삼성전자가 맡았다. 경쟁자가 특허로 공격하면 다시 특허로 되받아치는 것이 관례다. 그러나 이처럼 글로벌 규모로 특허소송을 확전한 것은 삼성전자의 다소 과한 반응인 것으로 보인다.

이 소송은 애플과 HTC, 애플과 모토로라의 특허소송과는 몇 가지 점에서 다른 특징이 있으며, 이 때문에 흥미로운 소송이었다. 9개국으로 번진 전면전이어서 그 규모와 비용이 우선 흥미롭다. 또한 한 당사자는 우리나라 기업이어서 애국심을 자극하고 다른 당사자는 충성도 높은 고객을 보유하며 모바일 산업을 선도하고 있는 기업이라서 감정이입까지 보이기도 한다. 기술특허뿐만 아니라 디자인특허, 상표권침해, 부정경쟁행위를 포함하고 반독점 행위까지 이르고 있어서 소송의 내용 자체도 넓다. 글로벌 기업의 특허소송 중에서 이 소송처럼 지적재산권 전반에 걸쳐 쟁점이 형성된 소송이 과연 있을까 싶을 정도다.

소송 초기에 애플의 디자인특허가 위력을 발휘했는데 이는 애플과 HTC, 애플과 모토로라의 특허소송과는 두드러지게 다른 점이기도 했다. 이는 삼성전자의 제품이 HTC나 모토로라의 제품과 달리 애플의 외관과 더 유사했음을 방증하기도 한다.

그러나 이런 거대한 싸움이 돋보이는 까닭은 다른 데 있다. 두

회사는 한편으로는 서로 밀접한 비즈니스 관계에 있는 협력기업
이며, 다른 한편으로는 스마트폰 시장에서 업계 1위와 2위를 다
투는 경쟁기업이라는 점이다. 애플은 삼성전자의 최대 고객이며,
2011년 추산 78억 달러의 부품을 삼성전자로부터 공급받았다.

그런데 이 싸움은 왜 시작되었는가? 이에 대해서는 싸움을 건
당사자인 애플에게 물어보는 것이 순리가 되겠다. 그러나 이미 우
리는 1장과 2장에서 거의 대부분의 답을 찾았다. 애플이 삼성전
자만을 상대로 싸우는 것이 아니라는 점을 잊지 말자. 구글동맹을
향한 반구글진영이 연대한 일종의 세계대전이라는 맥락에서 애플
이 삼성전자를 상대로 소송을 제기한 연유를 알 수 있다. 게다가
같은 구글동맹의 일원인 HTC와 모토로라를 상대로 한 애플과의
소송이 진행 중이었기 때문에 삼성전자를 상대로 한 애플의 싸움
은 예견된 것이었다.

반면에 삼성전자는 의미 있는 경쟁자들 중에서 애플하고만 상
대하고 있다. 애플은 일대다의 싸움을 하고 있는 한편, 삼성전자
는 애플과 일대일로 싸우는 것이기 때문에, 그리고 이미 소송을
예견한 상황에서 삼성전자가 충분한 대응을 했을 것으로 기대되
며, 게다가 보유 중인 특허의 개수도 애플보다 훨씬 많기 때문에,
이 소송전은 애당초 삼성전자가 유리할 것으로 전망할 수 있었다.
하지만 마치 애플의 아이폰과 아이패드가 처음 나왔을 때 전문가
들이나 경쟁자들이 서슴없이 혹평을 퍼붓고 실패할 것이라는 예

견이 빗나갔을 때와 마찬가지로, 그 전망은 시간이 흐르면 흐를수록 너무 크게 어긋나 버렸다. 애플은 줄곧 성과를 올렸고 삼성전자는 아무 소득을 올리지 못했다.[2]

구글과의 관련성을 제외하고 그저 삼성전자와의 관계만을 고려하자면, 이 소송은 애플의 입장에서는 밑질 것이 없는 싸움이었다. 이기면 좋고 밀리면 '협상'하자는 것이다. 애플이 삼성전자의 최대 고객이라는 점에서 애플에게 좋은 퇴로가 확보된 싸움이었다.

기대와 사실 사이에서

앞서 말한 것처럼 지금 시대는 대전환기의 한가운데에 있다. 2008년 리먼브라더스 파산을 계기로 들이닥친 금융위기의 후폭풍은 아직도 여전하다. 혹자는 작금의 격변기를 일컬어 국가의 능동적인 역할을 강조하는 자본주의 4.0 시대라고 부르기도 한다.[3] 그러나 산업의 대전환기라는 관점에서 보자면 애플과 구글이 선두에 서서 열어젖힌 대혁신의 시대이기도 하다. 세상은 지난 몇 년과 앞으로의 몇 년을 기억할 것이다. 드러난 것들을 편견 없이 바라보는 자세가 필요하다. 수구주의가 별것이 아니다. 드러난 것을 외면하고 현실을 도외시하면서 기존에 있던 습관과 생각을 옹호하려는 것이야말로 수구주의다. 이는 대전환기나 격변기의 가장 큰 적이다. 낡은 것과 싸우자.

애플은 도대체 언제 망하는가? 몇몇 언론들의 태도를 보면 애플은 언제나 위기에 직면해 있는 것 같다. 삼성전자와 애플 사이의 특허전쟁도 그렇다. 2011년 4월, 삼성전자와 애플은 특허전쟁을 시작한 이후 그 동안의 언론보도를 보면, 당장이라도 애플이 질 것만 같았다. 특허 최강자이기도 한 우리 삼성전자를 상대로 감히 소송을 걸다니 가소롭기 그지 없었다. 어떤 친절한 사람들은 삼성전자가 얼마나 많은 특허를 보유하고 있는지, 그에 비해 애플이 보유한 특허는 얼마나 왜소한지를 비교하면서 특허개수 놀이나 하고 있었다. 그들의 논지에 따르면 특허개수에서 상대가 되지 못한 애플이 결국 견디지 못하고 두 손을 들 터였다.

기대가 크면 사실을 왜곡하기 마련이다. 언론은 삼성전자가 연전연패를 하고 있는 상황에서 '사실상 승리'라는 표현을 여러 번 동원하여 사실을 왜곡하기도 했다. 심지어는 재판부가 심리하는 날짜를 조정하는 결정을 내렸을 때조차 애플의 주장을 받아들이지 않았기 때문에 삼성전자가 승기를 잡았다거나 애플이 삼성전자 무선 특허 침해사실을 인정했다는 엉뚱한 기사제목을 뽑는 언론도 있었다. 이렇게 기대와 사실이 혼동되는 까닭에 대해 어떤 이는 언론에 대한 삼성전자의 강력한 헤게모니를 이야기하기도 하지만, 그보다 앞서 정확한 사실 보도에 무뎌진 기자의 감각 때문인지도 모른다. 스티브 잡스에게만 '현실왜곡장'이 있는 것은 아니다. 우리나라 언론 보도 문화에도 현실왜곡장이 만연돼 있다.

많은 이들이 기억하듯이 2007년 아이폰이 처음 나왔을 때를 생각해 보면 더 흥미롭다. 그때 많은 전문가들이 애플에 대해서 부정적이고 비관적인 전망을 쏟아냈다. 무시하기도 했다. 하지만 애플은 보란듯이 성공했다. 대혁신은 언제나 기득권자의 눈에는 잘 납득되지 않기 때문에 기득권자들의 심리도 일면 수긍할 수는 있겠다. 제품 서비스가 좋지 않다, 하드웨어 사양이 경쟁사보다 떨어진다, 제품 포트폴리오가 다양하지 못하다, 안테나 성능에 문제가 있다는 지적에서부터, 폭발의 위험이 있는 제품이다, 폐쇄적이다, 독단적이다라는 다소 감정적인 비난, 기대에 미치지 못한다는 등의 이상한 지적(애플을 비난하면서도 동시에 높은 기대를 건다는 모순적인 행동을 의미한다)을 한몸에 받으면서도 애플은 오히려 눈부신 성공을 거뒀다. 태블릿PC 시장을 개척한 아이패드에 대한 전문가와 언론의 태도도 마찬가지였다. 이런 일이 반복되다 보니 '애플은 언제 망하지?'라는 생각이 들 정도다. 하지만 역설적이게도 그렇게 애플을 비난했던 사람조차 애플을 따라한 제품을 쓴다. 경쟁자들도 결국 애플을 따라하기 시작했고, 이제는 애플이 기준이 됐다. 누구나 애플을 바라보고, 참조하고, 그러면서 애플과 대항한다.

애플과 삼성전자의 특허전쟁에 있어서 두 당사자 중 한 쪽이 우리나라를 대표하는 기업이기 때문에 우리나라 기업을 응원하는 태도는 매우 자연스럽다. 그러나 응원하는 마음과 사실을 있는 그

대로 바라보려는 태도, 그리고 후원하는 마음은 모두 다른 차원으로 구별되어야 한다. 사실과 기대를 혼동하는 태도는 이 특허전쟁의 역사적인 의미에 접근하는 것조차 어렵게 만들며, 곳곳에서 시기마다 불거져 나오는 특허소송 뉴스를 이해하기조차 버겁게 한다. 이 책의 3장과 4장은 애플과 삼성전자를 둘러싼 이 특허전쟁을 바라보는 냉철한 시각을 제안한다. 냉정하게 애플과 삼성전자를 평가하자. 그러다 보면 지난 일년 간 삼성전자의 전략과 지나온 길들이 우리가 생각했던 것보다 훨씬 고단했으며 또 여전히 어려운 상황에 직면해 있음을 알 수 있다. 왜 그랬을까?

잘 준비된 자와 그렇지 못한 자

먼저 이 소송의 주요 쟁점을 개략적으로 살펴보자. 특허의 구체적인 내용들은 지나치게 전문적이고 각 나라마다 다르고 또 정확하지도 않으며 애플과 삼성전자의 소송캐비닛을 열어 볼 수 없는데다가 또 재판이 진행되고 있어서 함부로 평가할 수도 없기 때문에 여기서는 큰 줄기에서만 고찰한다. 표 3-1과 같이 정리할 수 있다.

	애플	삼성전자	비고
쟁점	디자인특허, 그래픽 사용자 인터페이스(GUI) 관련 소프트웨어 특허 중심	하드웨어와 무선통신 기술에 관련한 표준특허	
특성	판사가 판단하기 쉬운 특성 애플특허는 회피하기 쉬움	판사가 판단하기 어려운 특성 삼성전자 특허는 회피하기 어려움	
제소국가1	미국, 네덜란드, 호주	한국, 일본, 독일, 영국, 프랑스, 이탈리아	먼저 제소한 국가
제소국가2	한국, 일본, 독일, 영국 추가	미국, 네덜란드, 호주	맞소송한 국가
소송방법	가처분위주	초기에는 본안소송 중심	2011년 10월부터 삼성전자의 소송방법이 보다 공세적으로 바뀜
소송성과	(가처분소송 판결위주) 네달란드에서 삼성전자 일부 제품 판매금지 독일에서 삼성전자 일부 제품 판매금지(디자인특허침해 갤럭시탭10.1) 호주에서 삼성전자 일부 제품 판매금지(항소심에서 뒤집어짐) 네덜란드 재판에서 삼성전자의 경쟁법위반을 이끌어냄(표준특허권자의 FRAND규정 위반) 유럽연합 집행위원회의 삼성전자를 상대로 한 반독점조사를 이끌어냄 프랑스, 이탈리아, 독일에서 삼성전자의 판매금지 가처분 공격을 방어해냄	호주에서의 판매금지 가처분을 항소를 통해 뒤집음 독일에서 갤럭시탭10.1N(기존 모델 디자인을 변경함 제품)에 대한 애플의 공격을 방어해냄 미국에서의 판매금지를 방어해냄	미국, 호주, 일본의 가처분소송은 아직 재판 중

표 3-1 애플과 삼성전자의 재판 요약

애플은 디자인특허와 사용자 인터페이스^{User Interface} 관련 소프트웨어 특허를 자신의 주된 무기로 삼았다. 그밖에 상표권 등이 포함되었는데 이들의 공통된 점은 판사가 이해하고 판단하기 쉽다는 것이다. 재판을 하기 위해서는 판사가 기술을 이해하는 것이 선행되어야 한다. 물론 판사를 지원하는 전문가(우리나라에서는 '기술심리관'이라고 부른다)가 있기는 하지만, 아무래도 기술 그 자체는 판사에게 쉽지 않다. 판사도 사람이다. 하지만 기술을 머릿속에서 이해하는 것이 아니라 자기의 눈으로 보고 직관적으로 판단할 수 있는 사항이라면 판사가 적극적으로 재판을 리드할 수 있다. 그렇기 때문에 자기에게 유리한 소송이라거나 혹은 유리하게 만들기 위해서는 무릇 주장하는 쟁점이 판사가 간명하게 납득할 수 있게 하는 작업이 전제되어야 한다. 소송의 지혜다.

반면에 삼성전자가 주장하는 사항들은 이를테면 제품의 원리에 관한 것이기 때문에 순전히 기술적인 사항이다. 그 기술을 이해하기 위해서 판사의 노력이 필요한데, 문제는 삼성전자의 주된 주장이 '표준특허'라는 데 있다. 표준특허는 '특허기술'이라는 기술적인 논점뿐만 아니라 '표준'특허여서 '표준기술'의 정신에 관한 법리적 논점이 결합되어 있다. 삼성전자는 표준'특허'를 주장하는 것이지만, 애플은 '표준'기술의 정신에 대해서 주장함으로써 기술적인 논점을 법리적인 논점으로 바꾸는 데 성공했다. 결국 이 재판은 판사가 쟁점을 파악하고 재판함에 있어서 애플에게 유리하게 흘러가고 말았다. 반도체기술에 관련한 특허소송에서 많은 경험을 갖고 있는 삼성전자이지만 그 경험이 오히려 독으로 작용하는 국면이다.

한편, 애플이 무기로 삼은 특허는 자신의 고유한 특허다. 반면에 삼성전자의 주된 무기는 표준특허다. 사실 모든 특허는 특허권자의 고유특허다. 그런데 이런 고유한 특허 중에서 표준기술에 관한 특허를 표준특허라고 말한다. 편의적으로 구분한 개념이다. 세상의 모든 특허는 표준특허와 표준특허가 아닌 특허로 나눌 수 있다. 애플은 표준특허가 아닌 애플만의 특허를 주장한 것이고, 삼성전자는 삼성전자만의 기술이 아닌 이미 표준이 돼버린 표준특허를 주장했다. 그것이 가장 효과적인 방법이라고 삼성전자가 생각한 것이지만, 그렇지 않다. 표준특허에는 함정이 있었다. 이에 대해서는 다시 설명하기로 한다.

애플은 삼성전자를 상대로 먼저 싸움을 걸었다. 그러나 이 특허소송을 글로벌 특허전쟁으로 규모를 확대한 쪽은 애플이 아니라 삼성전자다. 애플은 초기에 미국에서만 소송을 제기했다. 삼성전자는 이 소송을 미국뿐만 아니라 한국, 일본, 독일로 확전했다. 여기에 다시 애플이 네덜란드로 소송을 넓혔고, 그러자 다시 삼성전자가 영국, 프랑스, 이탈리아로 소송을 확전했다. 애플은 호주로 소송을 넓힌 것으로 응수했다. 소송전은 각 나라마다 원고와 피고를 주고 받으면서 복수의 재판이 진행되기에 이르렀고 그 결과 수십 개의 재판이 4개 대륙에서 동시에 벌어지게 됐다.

만일 이 애플과의 소송전을 구글동맹과 반구글진영과의 대결전이라는 맥락에서 파악했더라면 굳이 이렇게 소송을 확전할 필요가 있었을까라는 의문이 든다. 하지만 삼성전자는 이런 맥락을 거부한 것처럼 행동했다. 모토로라와 HTC와는 다르다는 판단, 이런 판단의 근저에는 구글동맹의 다른 일원인 모토로라와 HTC보다 삼성전자가 훨씬 우월한 지위에 있다고 생각하는 일종의 자부심 혹은 자만심을 발견하게 된다.

삼성전자는 애플이 생각한 것보다 훨씬 강력하게 대응함으로써 애플과의 협상을 신속히 유도할 수 있고(굴복시키고) 그 협상을 유리하게 이끌려고 했던 것으로 보인다. 하지만 삼성전자의 창은 전혀 예리하지 못했고 반면에 애플의 공세는 섬세했다. 오히려 협상은 요원해졌다. 원래부터 신속한 협상이 요원했던 것이라면 미국과 유럽에서만 소송을 진행하는 것이 더 바람직하지 않았을까라는 생각이 든다. 그리고 삼성전자가 보유한 가장 예리한 특허를 선별해서 애플을 공격했다면 상황을 좀 더 나았을 것이다. 하지만 표준특허를 주무기로 선택하는 순간 삼성전자의 창이 무뎌졌다.

비록 지금도 재판 중에 있지만, 어쨌든 애플의 소송 목적은 매우 복합적이다. 삼성전자만을 상대로 한 공격과 전체 구글동맹을 향한 전략적 공격이 복합되어 있다. 외견상으로 보자면, 애플의 소송 목적은 자신의 권리를 침해하는 삼성전자의 제품의 판매금지인 것은 분명하다. 그러나 실제 목적은 좀 더 섬세하고 현실적이다. 한편으로는 제품 외관에 대해서는 확실한 양보를 얻고자 하는 목표를 갖는다. 다른 한편으로는 구글동맹의 일원으로서의 부담을 주기 위한 것으로 보인다.

반면에 삼성전자의 소송 목적은 신속하게 협상을 하기 위한 것이고, 그것도 애플로부터 로열티를 받거나 그에 준하는 양보를 얻기 위한 협상이었던 것으로 보인다. 그렇기 때문에 표준특허를 주된 무기로 삼았던 것이다. 삼성전자는 호주, 네덜란드, 독일 재판에서 패소한 이후에 2011년 10월 전략을 변경해서 좀 더 공격적으로 나섰다. 하지만 역시 큰 틀에서 협상전략의 일환으로 해석된다.

삼성전자가 협상에서 애플의 양보를 얻기 위해서는, 첫째 디자인을 변경하고(실제 갤럭시 탭의 경우 어느 정도 디자인을 변경하기도 했다), 둘째 표준특허가 아닌 자신의 고유한 특허 중에서 재판부가 판단하기 용이한 특허를 잘 선택하고(표준특허는 피하기 어려워서 치명적이긴 하지만 그렇기 때문에 애플의 입장을 배려하거나 고려할 수밖에 없다), 셋째 애플의 생태계를 직접 겨냥한 특허를 이용한 좀 더 공세적인 공격을 펼치며, 넷째 많은 재판을 효과적으로 관리할 수 있는 소송의 통제력 확보 등의 전략으로 소송에 임할 필요가 있었다. 그러나 언제나 소송의 공방은 시기가 중요하다.

삼성전자나 애플 모두 글로벌 기업이며 모바일 산업을 선도하는 기업이다. 그런 점에서 두 회사 모두 소송을 대비하기 위해 노력했을 것이라고 본다. 하지만 삼성전자의 공격은 거의 모두 애플에 의해 무력화된 데 비해서 애플의 디자인특허 공격은 삼성전자가 제대로 방어해 내지 못했다. 디자인특허의 위험성을 전혀 예측하지 못한 점과 소송 초기 디자인특허의 위험을 낮게 평가한 점, 그리고 애플과의 소송을 애플 진영과 구글동맹이 아닌 애플과 삼성전자만의 관점으로 접근한 점을 고려할 때, 결과적으로 삼성전자는 애플과의 싸움을 잘 준비하지 못한 것으로 보인다. 소송도 사람이 하는 일이라서 사람이 훌륭하게 대비하면 소송도 훌륭하게 대비되는 법이다. 물론 담당자들은 훌륭하게 대비했는데 조직 간의 소통이 제대로 이뤄지지 않을 수도 있다. 조직도 사람이다.

파편화된 통찰력

삼성전자가 선택한 길은 요컨대 애플과 유사하게 가는 것이었다. 어차피 그렇게 선택한 경영전략이라면 과감할 필요가 있었다. 구글의 안드로이드 진영의 대표주자가 됨으로써 애플과의 특허전쟁은 피할 수 없는 숙명이 됐다. 선택의 대가다. 이런 경영전략이라면 삼성전자 내부 조직은 두 가지 과업을 임무로 부여 받게 된다. 첫째 자기의 특허무기고에서 애플을 공략할 수 있는 최선의 특허를 찾는 일이고, 둘째 애플이 어떤 특허로 공격해 올 것인지를 예측하고 대비하는 일이다. 리스크에 대한 모니터링이다. 이런 작업은 '성과output 없는' 일이며, 그것도 장시간 지속되어야 하기 때문에 조직적인 배려가 있어야 한다.

경영전략이 어떤 길을 선택했다면 기업의 조직—여기서는 특허전담부서(IP 센터)—은 그 길의 위험을 예방하고 제거해야 한다. 이 역할의 첫 번째 국면은 '위험감지자'이며, 두 번째 국면은 '문제해결사'이다. 무릇 전자는 다가오는 문제를 예방하고 준비하는 역할이며 후자를 빛나게 한다.

어떤 경영전략이든 간에 위험을 인식하고 미리 방책을 마련할 수 있음에도 내부 조직이 그렇게 하지 못했다면 그것은 일종의 해프닝을 의미한다. 해프닝은 언제나 우리 곁에 있다. 위험에 대한 모니터링은 사람이 하는 일이며 조직이 하는 일이다. 모니터링 요원—그가 변리사이든 아니든—의 통찰력이 빛과 어둠을 가를 경계의 안팎을 결정짓는다. 그리고 위험이라는 것은 인식되는 순간 둥글고 순해지기 마련이다.

일반인에게는 이상하게 들릴지 몰라도, 상당수의 특허전문가들은 디자인특허와 상표권의 법리를 잘 모른다. 지나친 전문화와 분업화가 가져온 폐해이기도 하다. 우선 이게 내부적인 위험이다. 개인의 통찰력의 한계를 극복하자고 조직이 있는 법이므로, 삼성전자 내부 조직이 파편화된 통찰력을 얼마나 잘 조합할 수 있느냐가 이 모니터링의 관건이 될 수밖에 없다. 그것이 실패한다면 내부 위험은 증대될 것이다. 장차 회사에게 막대한 이익을 가져오기 위해 경영전략 차원에서 어떤 결단을 내렸고 그것은 경쟁자와의 관계에서 위험성이 있다고 하자. IP 팀은 그 이익을 지키기 위해 —엄청난 소송 비용을 써가며— '문제해결사'임을 자임한다. 그런데 만일 그 소송은 충분히 예견할 수 있었고 보다 간명하게 대응할 수 있었노라고 가정하면 소송비용(예컨대 그 팀의 연봉의 총합보다 큰 비용)은 낭비가 아닐 수 없다. '위험감지자'는 서툴고 낯설며 조직 내에서 인정받기 어렵다.

'만일'이라 함은, IP 팀이 제 역할을 잘 해서 애플이 갖고 있는 외관에 관한 권리를 잘 인식하고, 분석하고, 보고함으로서 그 위험을 삼성전자의 제품 디자인 개발팀에 잘 반영됐더라면—삼성전자가 구글동맹의 일원이라는 점에서 소송을 완전히 피할 수는 없었겠지만— 굳이 애플과 지금 수준으로 대규모로 싸울 이유도, 디자인특허 때문에 판매금지되는 굴욕도 없었다라는 이야기다.

애플이 대만의 HTC를 상대로 특허소송을 개시한 게 2010년 봄이었고, 모토로라와는 그 해 가을에 소송을 시작했다. 다른 경쟁자의 소송시점을 감안하면, 오히려 애플의 삼성전자를 상대로 한 소송은 뒤늦은 감이 없지 않다. 요컨대 삼성전자로서는 애플과의 싸움에 대비할 시간이 충분했다. 애플의 특허소송을 '진주만공습'에 비유할 일이 아니다. 만시지탄이지만, 그 시간을 잘 활용하지 못한 것을 두고 누구를 탓할 문제는 아니다.

삼성전자는 어떤 통찰력이 필요했을까? 첫째 이 소송은 구글동맹을 향한 소송이기 때문에 애플과 삼성전자 차원에서는 협상으로 종결되기 어렵다는 점을 들 수 있다. 그렇기 때문에 종래 제조사들끼리 널리 사용돼 왔던 협상 방법인 '크로스 라이선스^{Cross-Licence}' 계약의 체결은 극히 어려웠다. 둘째 소송이 장기화될 수밖에 없다면 소송부담을 어떻게 최소화하고 효율적으로 할 것인지에 대한 방법론을 미리 생각했어야 했다. 셋째 애플이 자신의 디자인을 줄곧 강조해 온 기업이라면 그들의 디자인특허에 대한 정보를 확보하고 분석해야 했다(디자인특허의 중요성을 인식해야만 가능한 이야기이지만).[4] 아니 그보다 갤럭시 시리즈의 외관 디자인이 과연 애플의 디자인특허를 침해하는지 사전에 충분히 검토했어야 했다(담당자가 특별히 문제가 없다고 보고했다면 별 수 없는 노릇이지만 - 결국 사람의 문제다). 넷째 표준특허의 함정을 제대로 알아야 했다(담당자가 이 함정을 잘 몰랐다면 이것도 어쩔 수 없는 노릇이다). 다섯째 어떤 특허공격을 이용해서 공격해야만 애플이 가장 아파할 것인지에 대한 분석과 연구가 필요했다. 예컨대 로열티가 아니라 애플의 생태계를 공략하는 특허 같은 것을 생각해 내는 지혜가 필요했다. 눈치보지 말고, 당황하지 말고.

표준특허의 두 얼굴

애플과 삼성전자의 특허전쟁을 들여다 보면 필연적으로 '표준특허'라는 단어를 만나게 된다. 삼성전자는 애플을 공격하는 주된 무기로 무선통신 기술의 표준특허를 사용했다. 삼성전자는 여러 대륙의 법원을 누비면서 애플의 제품이 자사의 표준특허를 침해했다고 주장한 것이다. 삼성전자의 특허는 이른바 '표준'이기 때문에 애플이 이 공세를 피할 수 없는 것은 운명이며, 마치 이 전쟁은 삼성전자의 손쉬운 승리로 끝날 것 같았다. 애플이 무릎을 꿇는 것은 시간 문제인 것처럼 보였다. 표준특허는 곧 승전보를 의미했다. 하지만 승전보를 전해줄 전령은 마라톤 평원을 건너오지 않았다. 결과는 처참했다.

삼성전자가 표준특허를 이용해서 저 자존심 높은 경쟁자를 '포박'하려고 했으나 실상 표준특허의 진정한 의의는 포박이 아니라 '악수'에 있다는 사실이 드러난 것이다. 표준기술은 여러 기술들을 모아놓고 약속한 규범이며, 그것이 비즈니스에서는 반드시 사용해야 하는 필수기술이라서 누구에게나 기술 사용에 대한 문호가 개방되게 되었다. 그리고 이 문호개방은 사실상 후발주자들을 위한 것이기도 했다. 예컨대 시장에 영향력을 갖는 몇몇 선행기업이 기술규격을 정해놓고서 후발주자들에게 이 규격에 따르지 말라고 장벽을 친다고 가정하자. 일단 불공정한 경쟁이다. 만일 그렇다면 후발주자들은 그 기술규격은 따르지 않게 되고 자기들끼리 모여 새로운 규격을 만들려고 할 것이다. 결국 규격이 점점 많아지게 되고, 제조사도 유통사도 소비자도 모두 불편할 수밖에 없다. 합리적이지 못한 경쟁방법이다.

또 다른 예를 들어 보자. 좀 더 쉬운 이해를 위해서 다소 과장해서 설명해 본다. 휴대폰 제조사가 있다고 치자. 제조사마다 자사 방식으로만 데이터를 주고 받고자 한다면 자기 제품끼리는 통화가 가능할는지는 몰라도 다른 제조사의 제품과는 통화가 안 될지도 모른다. 지역마다 국가마다 데이터를 주고 받는 기술이 서로 다르다면 지역이나 국가에 따라 통화가 되지 않을 수도 있다. 불편하기 그지 없다. 따라서 제조사들 혹은 연구자들이 모여서 '우리 그렇게 하지 말고 약속을 정해서 그 약속에 따라 제품을 만들자'고 나선 것이다. 그러면 그 약속에 따라 제품을 만들면 되니까 노력도 절감되고 비용도 절약되며 소비자들도 편리하고 덩달아 시장도 커지는 이점이 있는 법이다. 이렇게 하자면 당연히 기구(표준기구)도 만들어야 하고 그 기구에서 자주 만나서 여러 가지 약속을 정하는 것이다. 그런 약속들이 모여서 하나의 표준을 만들고, 표준기술이 생기게 된다. 즉 표준기술은 제조사와 소비자의 이익을 두루 고려하자는 목적에서 약속된 것이라고 볼 수 있다.

이것은 일종의 시장을 위한 약속이며, '사회적 합의'이자 '인류의 약속'인 셈이다. 물론 반드시 이 약속을 지켜야 하는 것은 아니다. 예컨대 하루를 24시간으로 약속했는데 나 혼자 30시간으로 구분해서 살겠다고 무슨 문제가 생기는 것은 아닌 것과 같은 맥락이다. 그렇지만 비즈니스는 운둔형으로 되는 게 아니다. 글로벌 사회에서 '히키코모리'형 비즈니스를 어떻게 생각할 수 있겠는가. 이와 같이 표준기술은 여러 기술들을 모아놓고 약속한 규범이고 그것이 비즈니스에서는 반드시 사용해야 하는 필수기술이라서 비즈니스를 하려면 그 약속들을 지켜야만 한다. 그래야만 물건을 만들고 팔 수 있기 때문이다. 자기 회사 제품끼리만 통화되는 휴대폰을 만들면 어떤 소비자가 사겠는가 말이다. 이와 같이 사실상 이 약속(표준기술)에 강제적인 의미가 있는 까닭에 누구나 문호가 개방되게 되었다. 누구든지 표준기술을 이용할 수 있는 것이다. 그러니까 표준이다. 이런 문턱낮추기는 결국 표준기술을 만들 때 참여한 기업뿐만 아니라, 나중에 그 표준기술을 이용해서 시장에 들어오려는 기업 즉 후발주자를 배려한 정책이라는 맥락을 갖는다. 표준기술의 정신은 그러므로 후발기업을 배려하고 후발기업에게 문호를 개방한다는 의미가 있다.

　하지만 이 약속은 '기술'에 관한 것이다 보니 '특허문제'가 생긴다. 표준기술에 대해 특허를 보유한 특허권자의 권리를 어떻게 보호할 것인지가 문제가 된다. '표준특허'의 문제, 즉 표준기술에 관련된 특허의 문제다. 예컨대 제조사 15개가 모여서 모종의 표준기술을 약속했는데, 그 표준기술에는 100개에 이르는 기술들이 들어가 있고(대개 표준문서로 작성되어 있음), 각 회사마다 그 기술들에 대해서 특허를 보유한다고 하자. 이것을 바로 '표준특허'라고 한다. 이 경우 매우 골치 아픈 일이 발생하게 되는데, 앞서 설명한 것처럼, 표준기술의 정신은 문턱을 낮추고 문호를 활짝 개방하려는 것인 반면에, 특허라는 제도는 배타적인 권리여서 결과적으로 표준기술의 취지와 특허 간의 이율배반적인 상황에 놓이게 된다.

표준특허를 갖고 있는 자는 어쨌든 특허권자다. 특허권자이므로 자기 특허권을 다른 사람이 사용하려고 하는 경우 '로열티'를 요구할 수 있다. 표준특허이니까 누구나 사용할 수밖에 없게 되고, 그러므로 특허침해를 피하기 어렵게 되며, 그렇기 때문에 막대한 로열티 수익을 거둘 수 있다는 계산기 두드리기 유혹에 빠진다. 물론 그렇다. 하지만 그것에만 관심을 가지면 표준특허에서 '특허'만 강조될 뿐, 표준기술의 '표준의 정신'이 간과되기 쉽다.

그래서 표준기구는 표준특허권자에게 두 가지 의무를 부여하게 된다. 첫째 표준기술에 대해 특허권을 보유한 멤버는 자신의 특허들을 숨기거나 늦게 공개해서는 안 되며, 둘째 FRAND 규정(Fair, Reasonable and Non-Discriminatory: 공정하고 합리적이며 비차별적인 라이선스 부여 규정)을 지켜야 한다는 것이다. 만일 이를 어기면 어떻게 될 것인가? 공정한 경쟁을 위반하는 것이 되며, 이는 반독점법을 호명한다. 특허제도는 특허권자에게 독점적인 지위를 법률로서 보장해준다. 하지만 특허권의 행사라고 하더라도 그 행사가

'권리남용'에 해당하면 그 권리행사는 정당한 행사로 인정되지 않고, 그러면 반독점법의 적용을 받게 된다는 것이다.

다시 삼성전자와 애플의 특허소송 속으로 들어가 보자. 삼성전자는 애플을 상대로 표준특허 침해를 이유로 판매금지 가처분소송을 제기했다. 이는 곧 상대방을 무릎 꿇게 만드는 데 표준특허를 사용한 것이다. 이에 맞서 애플은 삼성전자가 자신의 특허를 감췄으며 지나치게 높은 로열티를 요구하여 프랜드FRAND 규정을 위반했다고 주장했다. 그 결과 애플의 주장은 속속 성과를 거뒀다. 첫 번째 성과는 네덜란드 법원에서 삼성전자가 프랜드 규정을 위반했다는 판결을 얻어낸 것이다. 그러나 그보다 더 값진 애플의 승리는 유럽연합 집행위원회의 삼성전자를 상대로 한 반독점조사를 이끌어냈다는 점이다. 삼성전자가 기분좋게 표준특허를 주장했으나, 오히려 반독점조사라는 부메랑이 되어 돌아왔다. 가장 나쁜 시나리오였다. 유럽연합의 반독점 업무최고책임자인 호아킨 알무니아 집행위원은 2012년 2월 10일 표준특허권자의 특허남용을 경계하면서 다음과 같이 말한 바 있다.[5]

"나는 시장 활성화와 접근 방해 목적에서 표준 필수 특허를 오용하는 것을 막기 위해 반독점 제재 조치들을 분명하게 취할 것이다."

이와 같이 표준특허는 두 얼굴을 갖는다. 한편으로는 삼성전사와 같은 특허권자를 배려하는 얼굴이지만, 다른 한편으로는 애플과 같은 후발주자를 배려하는 얼굴을 한다. 전자는 특허권의 속성이며, 후자는 표준기술의 정신이다. 이 두 얼굴을 공평하게 인식할 줄 알아야 한다. 프랜드 규정에 대한 이해는 바로 그 인식의 바로미터다. 흥미로운 것은 그 동안 이 프랜드 규정이 국내에서는 잘 알려지지 않았다는 사실이다. 이 사실이야말로 우리가 얼마나 금전적인 이익만을 추구했는가를 드러내는 대목이다. 표준특허를 갖고 있는 자는 어쨌든 특허권자다. 표준특허를 취득하면 상당한 로열티를 기대할 수도 있다. 그러나 표준기술의 '표준기술의 정신'이라는 게 있다. 표준을 보지 못하고 특허만 보기 때문에 우리의 인식이 프랜드 규정에 이르지 못하게 되고 말았다.

표준특허에 대한 통합 정보를 제공하는 국가 유관기관의 웹 사이트 어디에도 프랜드 규정에 대한 설명이 없다. 대부분의 전문가도 이 프랜드 규정의 존재를 모른다. 그렇다면 과연 삼성전자의 소송팀이 이 프랜드 규정의 의의와 위험성(반독점조사까지 소환하는 위험성)을 제대로 인식했을까라는 의문이 든다. 두 회사의 특허소송의 흐름을 찬찬히 들여다 보고 있노라면, 삼성 내의 수많은 전문가들의 능력에 의문이 생기기도 하는 것이다. 애플이 자신의 기술특허, 디자인특허, 상표권, 부정경쟁행위 등으로 느닷없이 공략하자, 삼성전자가 들고 나선 가장 매서운 칼이 바로 표준특허였지만, 사실상 가장 무딘 칼을 뽑은 셈이다. 삼성은 표준특허만 갖고 있는 기업이 아닐 터인데, 표준특허를 뽑아 들게 된 까닭은 일종의 '표준특허라는 환상' 탓이 아닐까 싶다. '누구도 피할 수 없는 특허', 얼마나 매력적인가? 하지만 '함부로 휘둘러서는 안 되는 특허'라는 사실은 간과되기 쉽다.[6]

물론 표준특허의 무용론을 이야기하려는 것은 아니다. 표준특허, 좋다. 그리고 중요하다. 그러나 그것은 공평하게 로열티를 받는 목적에 부합한 것이지, 경쟁자를 무릎 꿇게 하려는 목적에는 부합하지 않는다는 것이고, 이 소송은 애플의 치밀한 공격에 대해서 삼성전자가 강력한 대응으로 응수해야 하는 대목에서 표준특허를 뽑았다는 '악수'를 지적하는 것이다. 이 특허전쟁은 로열티를 얻기 위한 소송이 아니다. 하지만 지적재산권은 케이스를 통해서 학습되는 것이므로 이제 그 케이스를 우리는 경험했고 시야가 생겼다.

표준특허와 중소기업

그동안 수많은 전문가들이 표준특허 확보의 필요성을 역설했다. 하지만 우리나라 대부분의 기업과는 전혀 관련없는 주장이었다. 특히 중소기업의 입장에서는 터무니없는 이야기다. 인적 자원과 기업 환경을 고려해 볼 때 우리나라 대부분의 기업은 표준특허를 확보하기 어렵다. 사실상 삼성전자나 LG전자 같은 대기업과 몇몇 국책 연구기관 정도가 표준특허를 확보할 수 있을 뿐이다. 이들 소수의 기업과 기관을 위해 우리나라 지적재산 전략이 표준특허 위주로 가야만 하는가? 이것은 국가나 전문가가 나서지 않더라도 이들 기업과 기관이 알아서 열심을 다할 것이다. 물론 몇 개 기업들이 더 추가될 수는 있다. 하지만 대부분의 기업들은 표준기구에 인력을 보내고 회의를 하고 관철시키는 인적 자원의 노력과 경비를 대지는 못할 것이다.

꼭 표준특허가 아니더라도 좋은 특허는 얼마든지 만들 수 있다. 표준특허만이 기술기업, 특허기업을 표상하는 게 아니다. 애플과 마이크로소프트가 대표적인 예가 되겠다. 표준특허는 좋고 그냥 일반특허는 대수롭지 않다는 어떤 확정된 이론도 존재하지 않는다. 게다가 내가 표준특허권자가 아니라고 해서 그게 어떤 치명적인 핸디캡으로 작용하는 것도 아니다. 더욱이 표준특허의 로열티는 공평한 핸디캡이고(나만 로열티를 부담하는 것은 아니므로), 그런 로열티를 내고도 시장에서 큰 성공을 거둬 높은 수익을 낼 수 있다면 그것도 좋은 비즈니스다.

삼성전자는 애플을 상대로 자신의 무선통신기술 관련 표준특허의 침해를 주장했다. 애플은 이를 성공적으로 방어해냈다. 삼성전자와 애플의 특허소송의 여러 가지 면을 고려하지 않고, 단순히 표준특허 침해공방을 놓고만 본다면, 애플의 방어를 지지하는 것이 중소기업의 관점에서 더 바람직하다. 애플은 프랜드 규정을 주장하면서 표준특허권자가 후발주자들에게 가져야 할 공정하고 합리적이며 비차별적인 라이선스 의무를 강조했다. 그런데 우리나라 중소기업이 표준특허를 보유하고 있는 것은 아니다. 애플처럼 글로벌 시장에서 표준특허권자로부터 라이선스를 받아야 한다는 입장이다.

우리나라 중소기업이 크게 성공하여 글로벌 시장에 진출할 수도 있다. 그때 표준특허권자와 맞닥뜨려서 특허소송을 당하거나 로열티 협상을 하게 될지도 모른다. 물론 소송보다는 협상이 낫고 협상에서는 좀 더 낮은 로열티를 부담하는 편이 좋을 것이다. 이를 위해서라도 오늘날 지속되고 있는 글로벌 특허전쟁을 계기로 표준특허에 대한 문턱을 낮춘 가이드라인이 마련될 필요가 있다. 바로 그런 점에서 제조사들을 상대로 한 애플의 항쟁은 의미 있는 일이다.

따라서 특허침해 소송에서의 삼성전자의 표준특허 주장은 우리나라 중소기업, 벤처기업, 신출내기 기업, 개인의 관점에서 보자면, 응원할 대목이 아니다. 삼성전자가 성공한다면 그 위험은 부메랑이 되어 우리 중소기업에게 돌아온다. 즉, 이 부분에 대해서는 애플의 편을 든다. 이번 글로벌 특허소송에서 삼성전자의 표준특허 침해 주장이 기각되더라도, 이 쟁점 자체는 단지 애플의 제품을 팔 수 있느냐 그렇지 않느냐에 관한 것일 뿐 삼성전자의 세품의 판매에는 아무런 나쁜 영향을 주지 않기 때문에 삼성전자를 걱정하지 않아도 된다.

한편, 국가산업의 표준특허전략은 국가산업을 대표하는 일부 대기업에 초점이 맞춰지는 것이며, 그것도 그 대기업 스스로 개척할 수 있는 충분한 역량이 있으므로 굳이 '바깥에서' 지원할 필요성은 크지 않다. 표준특허의 육성은 대부분의 기업들에서는 시급하지도 중요하지도 않다. 오히려 대학이나 국책 연구기관의 특허전략에서 다소 참고할 수 있을 뿐이다. 표준특허, 참 매력적이다. 그러나 먼저 비즈니스 현실을 바라보고 생각하자.

4장

네개의 국면

애플과 삼성전자의 특허전쟁 속으로 들어가서 그 동안의 진행과정을 바라보면, 애플이 이 소송을 얼마나 치밀하고 전략적으로 준비했는지, 그리고 소송을 어떻게 잘 통제하고 있는지를 알 수 있다. 반면에 삼성전자의 대응은 요란하기만 했지 내용물이 없었음을 발견하게 된다. 도대체 그 까닭은 무엇인가? 애플과 삼성전자의 특허전쟁을 4개의 국면으로 나눠 구체적으로 살펴보자. 그러면 삼성전자의 실패와 그 실패를 통해서 앞으로의 일을 전망할 수 있을 것이다.

애플과 삼성전자의 네 개의 국면

애플과 삼성전자의 특허전쟁은 아직 현재 진행 중이며, 당분간 지속될 것으로 전망된다. 질기고 오랜 싸움이 지속될 가능성이 크다. 이 특허전쟁을 좀 더 잘 이해하기 위해서 편의상 네 가지 국면으로 구분해 보았다.

제1국면: 특허전쟁 개시와 독일, 호주, 네덜란드에서의 패배(2011년

4월~10월)

제2국면: 삼성전자의 반격과 좌절(2011년 10월~ 2012년 3월)

제3국면: 두 개의 탑, 미국과 유럽에서의 방어(2012년)

제4국면: 출구전략의 모색

애플은 2011년 4월 삼성전자를 상대로 미국 캘리포니아 연방
대법원 북부지원 세너제이 법원에 안드로이드 운영체제를 탑재한
삼성전자의 스마트폰과 태블릿 PC의 판매금지 가처분 소송을 제
기했다. 이 소송은 애플이 구글동맹을 상대로 한 글로벌 특허전쟁
의 연장선에 있었다. 모토로라를 상대로 6개월 전의 소송, HTC를
상대로 한 1년 전의 소송처럼 삼성전자가 구글동맹의 일원이기
때문에 발생한 소송이다. 하지만 애플과 삼성전자 간의 특허전쟁
이, 애플과 모토로라, 애플과 HTC 간의 특허소송과는 몇 가지 점
에서 차이점이 있었다.

첫째, 삼성전자의 제품의 외관이 다른 제조사보다 애플의 아이
폰과 아이패드와 유사하다는 것이다. 즉, 단순히 구글의 안드로이
드 운영체제 소프트웨어를 하드웨어에 탑재했다는 것뿐만 아니
라, 여기에 더해서 애플 제품의 물리적 외관까지 유사하다는 것이
고, 그 결과 디자인특허가 제1국면에서 큰 쟁점이 되기도 했다. 기
술 그 자체에 대한 쟁점이 주가 되는 소송에 익숙하고 노련한 삼
성전자 입장으로는 디자인특허 침해소송이 낯설게 인식됐을 것으
로 보인다.

둘째, 다른 구글동맹의 일원인 HTC와 모토로라와는 달리 삼성
전자는 구글동맹에 소속되어 있으면서도 애플과 매우 밀접한 비
즈니스 관계가 있다는 것이다. 애플은 삼성전자의 가장 큰 고객이
었다. 이 비즈니스 관계는 두 회사 모두에게 이로웠다. 애플은 우

수한 핵심 부품을 안정적으로 공급받기 때문에 좋으며, 삼성전자는 애플이 성공할수록 부품판매로 인해 막대한 매출을 얻을 수 있다. 이런 사실은 한편으로는 애플과의 싸움을 확장할 수 없게 만드는 단점이 있고, 다른 한편으로는 언제든지 협상의 계기를 확보할 수 있다는 장점으로 작용할 수 있다. 그렇기 때문에 HTC나 모토로라와 달리, 삼성전자는 애플을 상대로 좀 더 창의적이고 예술적으로 소송대응을 할 필요가 있었다.

셋째, 그림 4-1에 나타난 것처럼 삼성전자는 HTC와는 달리 비교할 수 없을 정도로 막강한 특허포트폴리오를 보유했고, 모토로라보다도 비교 우위의 많은 수의 특허를 가지고 있다는 점이다. 삼성전자는 HTC와 모토로라를 상대로 애플이 소송을 제기한 사실을 보면서 내부적으로 준비를 했을 것이다. 그리고 애플을 상대로 한 공격무기를 선택해 놓았을것으로 보인다(비록 그 무기가 무딘 무기였음이 판명되었지만). 그러나 바로 이런 부분이 삼성전자의 자만과 자존심을 불러오고, 결과적으로 나쁜 선택으로 이어지는 요인으로 작용할 수 있다. 자신보다 소수의 특허를 갖고 있는 후발주자인 애플이 자사를 상대로 함부로 소송을 걸 수 없으며, 소송을 걸더라도 강력한 특허무기로 반격하면 애플도 견딜 수 없으리라는 자만과 자존심이었다.

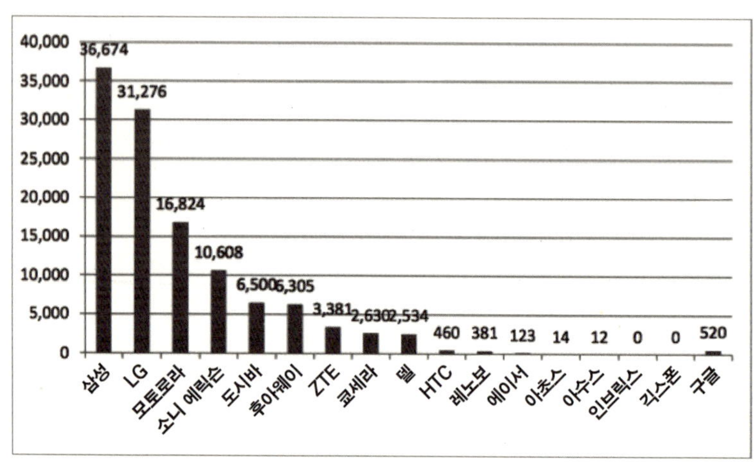

그림 4-1 구글동맹의 특허보유수(출처: Global Equities Research)

제1국면: 전략과 자존심의 싸움

애플과 삼성전자의 특허전쟁 제1국면은 애플이 개전하고 삼성 전자가 확전했으나 결국 애플이 위세를 발휘한 시기다. 개전 당시 에 애플은 삼성전자와의 특허전쟁을 미국시장에서만 국한시켰다. 이에 대해 삼성전자는 어떻게 대응했을까? 형식적인 측면과 내용 적인 측면의 반격카드를 생각할 수 있다. 형식적인 측면은 이 소 송을 확전할 것인가 말 것인가, 미국에서만 응전할 것인가 아니면 이것을 여러 나라에서 이뤄지는 동시다발적 소송으로 확장할 것 인가의 선택의 문제다. 또한 공격적인 무기(가처분소송 위주)를 선택할 것인가 아니면 방어적인 무기(본안소송 위주)를 선택할 것인가의 양자택일도 포함된다. 내용적인 측면으로는 애플의 주장에 어떻게 맞설 것이며 삼성전자는 어떤 특허를 무기로 애플을 공격할 것인가에 관한 선택의 문제다.

모름지기 응전을 할 때에는 늘 강경파와 온건파가 존재하는 법이다. 그리고 그 사이 절충지점이 있다. 삼성전자의 무선사업부문은 강경파의 입장을 대변할 수 있고, 반도체사업부문은 온건파의 입장을 대변할 수 있을 것이다. 무선사업부문은 애플과 경쟁하고, 반도체사업부문은 애플과 협력관계를 유지하기 때문이다. 제1국면에서 삼성전자는 절충을 택했다. 강경대응의 기조이지만, 여기에 온건하고 부드러운 옷을 입혔다. 강경한 대응도 온건한 대응도 아닌 그 중간지점에 삼성전자의 소송전략이 놓였다.

삼성전자는 애플을 상대로 자사의 무선통신기술에 관한 특허를 침해했다며 1주일 만에 반격을 가했다. 이것은 극히 당연하고 올바른 대응이다. 이런 대응은 강경한 것도 아니고 온건한 것도 아닌, 소송전에서는 당연하고 교과서적인 반격 카드다. 하지만 삼성전자는 여기서 멈추지 않았다. 그들은 순식간에 애플과의 특허분쟁을 글로벌 특허전쟁으로 확전했다. 자신의 수많은 특허를 과신한 면도 있었겠지만, 이 특허전쟁의 본질을 제대로 파악하지 못했던 것으로 판단된다. 이 소송의 본질은 '삼성전자'를 상대로 한 애플의 소송이 아니라, '구글동맹'을 상대로 한 애플의 소송이라는 점, 그리고 이것은 마이크로소프트와 오라클이 구글동맹을 상대로 한 공세까지 연관성이 있다는 점을 제대로 인식하지 못했던 것으로 보인다. 만일 그와 같이 이 특허전쟁을 인식한다면 굳이 소송을 그렇게까지 확전할 까닭이 없었다. 이 소송은 단기간에 협상으로 끝나지 않고 먼 여정을 갖는 소송이라면, 위험부담을 최소화하면서 좀 더 효과적으로 소송을 통제하고 관리할 수 있는 전략이 타당했다고 생각한다. 그럼에도 삼성전자는 애플과의 특허전쟁을 불과 1주일만에 한국, 일본, 독일로 확전하고 말았다. 그리고 2011년 여름이 되자 애플은 네덜란드와 호주를 새로운 전쟁터로 삼았고, 삼성전자는 영국, 프랑스, 이탈리아로 더 확전했다.

그런데 흥미로운 것은 이렇게 특허전쟁의 규모를 키움으로써 그 외관은 강경대응인 것 같았지만, 삼성전자의 소송방법은 애플처럼 즉시 판매금지를 요구하는 가처분소송이 아니라 정식재판절차를 선택했다는 것이다. 즉 외관은 강경대응이지만 실상은 온건한 대응이다. 소송이 대규모로 확전됐기 때문에 언론이 보기에는 강력한 대응인 것처럼 보이지만, 애플의 입장에서는 당장의 치명적인 위협은 없었던 셈이다. 마치 권투선수가 상대방을 보지 않고 링밖의 관전자를 힐끗힐끗 보면서 권투를 하는 것 같았다.

내용적인 측면에서 두 회사의 대응을 살펴보면, 두 회사의 전략을 개략적으로나마 추론할 수 있다. 삼성전자의 특허무기는 무선통신기술에 관한 표준특허였다. 삼성전자가 무선통신 분야의 선행주자이며 업계의 강자임을 드러내려고 했던 것이다. 후발주자인 애플은 표준특허를 가지지 못했지만, 업계의 터줏대감인 삼성전자는 표준특허를 보유하고 있다. 상식적으로 보자면, 표준특허이기 때문에 이론적으로는 애플이 삼성전자의 특허 그물망에서 벗어날 수 없다. 즉, 삼성전자의 생각대로라면 애플이 표준특허를 침해하기 때문에 애플이 선택할 수 있는 방법은 전체 제품을 판매할 수 없게 되거나 혹은 두 손을 들고 삼성전자에게 로열티를 지불하는 것으로 협상하게 되는 방법밖에 없는 것처럼 보인다. 삼성전자의 표준특허 침해 주장은 결국 애플의 전체 제품의 영업 자체를 봉쇄할 수 있는 매우 치명적인 무기로 인식될 수 있다. 현재 제품을 판매하지 못할 뿐만 아니라 미래의 제품도 판매할 수 없는 상황에 애플이 처할 수 있게 되는 것이다.

반면에 애플의 특허무기는 제품의 외관과 사용자 인터페이스 소프트웨어에 관한 것이기 때문에, 설령 삼성전자가 지더라도 제품의 외관을 변경하든가 혹은 제품의 기능을 수정하는 것으로 대응할 수 있다. 즉 삼성전자로서는 소송에서 지는 경우 당장에는 피해가 발생할 수 있을지는 몰라도, 그 피해가 지속되지 않는 특성이 있다. 따라서 애플의 특허무기는 삼성전자의 특허무기보다는 치명적이지 않았던 것이다.

이런 관점에서 보자면 삼성전자와의 특허전쟁에 있어 애플의 소송전략은, 삼성전자가 비록 구글동맹의 일원이기 때문에 소송을 감행했다고 하더라도 스마트폰과 태블릿 PC 시장에서 삼성전자를 완전히 쫓아내려고 했던 것은 아닌 것으로 보인다. 구글동맹과의 투쟁의 연장선상에서 삼성전자를 공격하면서, 특허로부터 초래되는 경영상의 불확실성을 해소함과 동시에, 삼성전자 제품의 외관이 자신의 권리를 모방한 부분에 대한 양보를 소송을 통해 얻으려고 했던 것으로 생각한다.

그것에 비해 삼성전자의 전략은 애플과의 소송을 통해서 이 분야의 특허강자로서 공식적으로 확인받고 싶었으며, 애플의 영업전반을 위협해 애플을 굴복시키려고 했던 것으로 보인다. 이러한 삼성전자의 전략은 특허권을 많이 보유하고 있는 제조사의 전통적인, 그리고 교과사적인 전략으로 볼 수 있다. 하지만 이런 전략은 첫째 주된 무기가 표준특허라서 문제였고, 둘째 이 소송이 구글동맹과 반구글진영의 글로벌 특허전쟁이며, 삼성전자와 애플 사이만의 소송전이 아니었다는 점에서 잘못된 전략으로 평가될 수 있다. 차라리 애플을 공략하는 주된 무기를 일반특허(표준특허가 아닌 삼성전자 자신만의 고유특허)로 삼고 여기에 표준특허를 병행하도록 하고, 소송이 협상으로 신속히 종결되기 어렵다고 가정하면서 길게 바라보는 소송에 임하는 전략이었다면 더 좋았을 것이다. 애당초 이 소송은 진지전이자 장기전으로 임해야 하는 것이었다.

제1기에서 특히 중요한 재판은 독일과 네덜란드에서 있었다. 독일재판에서 삼성전자의 태블릿 PC인 갤럭시 탭 10.1이 애플의 디자인특허를 침해했다는 이유로 판매금지 됐다(2011년 8월). 애플의 성과다. 그리고 네덜란드 재판에서는 애플 제품의 판매금지를 요구하는 삼성전자의 가처분소송이 기각됐다(2011년 10월). 이 또한 애플의 눈부신 성과다. 네덜란드 법원에서 있었던 또 다른 소송과 호주 법원에서의 재판에서도 애플이 승리했고, 삼성전자의 몇몇 제품들이 판매금지됐다. 그러나 바로 위 두 개의 판결보다는 그 효과가 적었다.

독일 법원은 삼성전자의 제품(태블릿PC)이 애플의 디자인특허를 침해했다는 판결을 내렸는데, 이로써 삼성전자의 제품이 애플의 디자인을 모방했다는 항간의 이야기가 재판을 통해서 확인되기에 이르렀다는 점에서 의미가 컸다. 외관에 대해서 양보를 얻으려는 애플의 전략이 성과를 얻는 순간이며, 스티브 잡스의 '카피캣copycat(짝퉁)' 발언이 기억나는 순간이기도 했다. 또한 독일에서의 재판을 계기로 지적재산권 중 디자인 특허의 위력이 확인됐다는 점에서도 의의가 있는 재판이다.

네덜란드 법원의 판결은 이 소송이 제2국면으로 넘어가는 매우 중요한 계기가 됐다. 삼성전자는 네덜란드 법원 재판에서 자사의 무선통신 기술에 관한 표준특허가 애플에 의해 침해됐다고 주장했다. 삼성전자의 기대는 애플의 눈부신 방어에 의해 좌절되고 말았다. 피고인 애플은 '특허침해여부 논쟁'에서 '경쟁법 위반여부 논쟁'으로 논점을 바꿨다. 이 재판에서의 변론과정은 재판에 참석한 기자의 트위터를 통해 생중계되기도 했으며, 언론들을 한결같이 삼성전자의 승소를 예상했다. 애플의 변호사는 상당히 노련했는데 당당한 주장과 비굴한 주장을 적절히 섞었다. 특히 후자는 애플의 전략이 녹아 있던 것이었다. 즉, 애플은 아이폰이 삼성전자의 특허를 침해하지 않는다고 떳떳하게 주장함과 동시에, 이와 반대되는 이른바 '비굴모드'로(소송에는 제1주장을 하고, 그것이 만일 기각되는 경우에 예비적으로 주장하는 제2주장을 제기할 수 있다) 삼성전자에 맞섰는데 애플의 변호사는 다음과 같이 말했다고 한다.[1]

"삼성전자는 자신의 표준특허를 매복하고 있다. 이것은 삼성전자가 램버스(미국의 유명한 반도체 분야 특허괴물 기업)보다 더 악독한 행위를 저지른다는 방증이다."
"삼성전자는 너무 과도한 로열티를 요구했다."
"삼성의 특허는 거의 천하무적이다. 도저히 안 걸릴 수 없다. 사실상 삼성은 독점을 하고 있는 것이다"

사람들은 "애플 변호사가 스스로 삼성전자의 특허침해를 인정했다, 논점을 흐린 애플의 주장은 설득력이 없다, 삼성전자의 승리는 따논 당상이다" 등의 이야기를 했다. 하지만 그 누구도 이것이 표준특허권자의 프랜드FRAND 규정과 직접 관련된 것이었다는 사실을 알아채지 못했다. 네덜란드 법원은 애플의 주장을 받아들여 '삼성전자가 표준특허권자로서 공정하고 합리적이며 비차별적인 라이선스 부여 의무를 가지고 있으며, 또한 삼성전자는 표준특허의 이러한 프랜드 규정을 위반했다'고 판시했다. 이 판결은 곧 삼성전자의 소송전략 전체를 엉망으로 만들어버리는 계기가 됐다. 애플을 공략하는 삼성전자가 앞세운 주무기의 예리함을 잃는 순간이었으며, 삼성전자가 소송을 크게 확전한 의미조차 퇴색시켰다. 또한 이것은 삼성전자가 표준특허의 프랜드 규정을 위반했다는 것이므로 유럽연합 집행위원회의 반독점조사의 원인을 제공하고 말았다.

삼성전자와 애플 간의 특허전쟁 제1국면은 결과적으로 애플의 승리요, 삼성전자의 패배로 귀결됐다. 애플은 모든 전투에서 성과를 올렸으나 삼성전자는 최악의 결과를 받고 말았다. 그러나 여기서 오해를 경계해야 한다. 완전한 패배만이 승패를 따지는 기준이 되는 것은 아니다. 두 회사 모두 물경 수천억 원의 소송비용을 쓰면서 최선을 다해 공방하고 있고, 소송 중에도 신제품이 나오게 되므로 소송의 화살이 영업 자체를 금방 봉쇄하지는 않는다는 점이다(소송이 진행되는 동안에 삼성전자는 시장에서 획기적인 발전을 이뤘고, 애플의 계속된 상업적 성공 또한 여전히 눈부셨다). 단지 두 회사의 소송전략을 기준으로 삼아, 자신의 소송전략에서 설정한 목표를 어느 정도 달성했다면 이긴 것이요, 목표를 달성하지 못했다면 지는 것이다. 게다가 제1국면은 아직 서막에 불과하다. 단지 제1국면에서의 삼성전자의 대응을 평가한다면, 굳이 소송을 그렇게까지 확전할 필요는 없었다는 점과 표준특허의 함정을 눈치채지 못했다는 사실이다. 그리고 이것은 제2국면에서 더 나쁜 상황의 요인이 되고 말았다.

한편, 이 시기에 삼성전자를 더욱 혼란스럽게 만든 상황이 발생했다. 바로 구글이 모토로라를 인수한 것이다. 비상상태가 발생했다. 모토로라는 비록 같은 구글동맹의 일원이지만, 구글을 제외하고 나머지 제조사들은 서로 치열한 경쟁관계에 있다. 그런데 구글이 모토로라를 합병함으로써 관계가 복잡해진 것이다. 예컨대 구글이 모토로라를 통해서 레퍼런스폰을 제조한다거나 직접 휴대폰 제조에 나서게 되면, 최적의 OS는 모토로라에게 제공되고 나머지 회사들은 들러리가 될 가능성이 있다. 혹은 안드로이드 운영체제 소프트웨어가 무상으로 배포되는 게 아니라 유상으로 배포되는 경우를 생각하지 않을 수 없다. 누구나 생각할 수 있는 당연한 대목이다.

이 일이 있은 후 얼마 지나지 않아 삼성전자는 마이크로소프트와 특허협약을 체결하여 안드로이드에 대한 로열티를 마이크로소프트에 지급하는 계약을 전격적으로 체결하고 윈도우폰에 관한 협력을 강화했던 것도 삼성전자의 불안감을 엿볼 수 있는 대목이기도 하다. 그러자 이를 불식시키기 위해서 구글은 안드로이드 4.0 레퍼런스폰을 '갤럭시넥서스'라고 이름붙이고 삼성전자를 통

 | 세상을 뒤흔든 특허전쟁 승자는 누구인가?

해 출시하기에 이르렀으며, 구글의 에릭 슈미트 회장이 전격적으로 한국을 방문하기도 했다.

제2국면: 삼성전자의 반격과 좌절

삼성전자의 낙관은 끝났다. 이제부터 더욱 진지해져야 한다. 애플과 삼성전자의 특허전쟁 제2국면은 불리한 상황을 타개하기 위한 삼성전자의 분투와 좌절의 시간이다. 이 시기는 2011년 10월부터 2012년 3월까지 걸치게 된다. 제1국면에서 삼성전자는 독일, 호주, 네덜란드에서 체면을 구겼다. 불리한 상황을 타개하기 위해서 삼성전자는 이 특허전쟁을 더욱 확전했다. 삼성전자는 호주, 일본, 프랑스, 이탈리아 법원에 애플의 신제품 아이폰 4S의 판매금지 가처분 소송을 제기했다. 애플은 수개월 동안 새로운 소송을 추가하지는 않고 삼성전자의 반격에 맞섰다. 하지만 불행히도 상황은 더욱 악화됐다.

여전히 삼성전자는 표준특허(비록 삼성전자 고유의 특허도 포함되었지만)를 주무기로 삼았고, 그것이 삼성전자에게 어떤 유리함도 제공해주지 못했다. 그렇게도 많은 특허를 보유하고 있음에도 불구하고 삼성전자가 애플에게 그 어떤 치명적인 위협도 가하지 못하는 상황이 지속됐고, 결국 이런 사실은 과연 삼성전자의 특허

중에 애플을 괴롭힐 수 있는 치명적인 특허(마치 구글을 상대로 오라클이 자바특허 침해를 주장하는 것처럼)가 있기는 한 것인지 조차 의문이 들게 만들 정도였다.

애플은 삼성전자를 괴롭히는 것이 소송전략이지만, 삼성전자의 소송전략은 단지 애플을 괴롭히는 정도에 그치는 것이 아니라 애플을 무릎 꿇리는 것이었으므로 소송이 복잡해진 면도 있었다. 애플의 목표는 삼성전자가 애플과 유사하지 않은 제품(디자인과 소프트웨어 기능)으로 경쟁하라는 것이어서 삼성전자가 디자인을 바꾸거나 일부 소프트웨어의 기능을 변경해 대응할 수 있는 여지가 비교적 넓다. 그렇기 때문에 '사실상 승리'라는 표현이 나오는 셈이다. 여기서 문제는 삼성전자의 '자존심'이 훼손될 수 있다는 점과, 자존심을 굽힌다고 하더라도 삼성전자가 안드로이드폰을 제조하는 이상 분쟁의 불씨는 남아있다는 점이다. 반면에 삼성전자의 전략이 애플을 굴복시키는 것에 있으므로 '더욱 강력한 특허'라는 이데올로기에 계속 젖게 된다. 그 결과 표준특허라는 카드를 버리지 못했다.

제2국면을 더 깊이 이해함에 있어서, 미국에서 열렸던 흥미로운 재판내용을 참고할 필요가 있다. 애플의 디자인적 사고를 엿볼 수 있는 대목이다. 소송에도 창의성과 상상력이 필요하다. 2011년 10월 초, 애플은 미국법원에 문서제출명령을 신청한다. 이 신청의 요지는 삼성전자와 퀄컴 사이의 특허관련 계약서를 보고 싶다는 것이다. 하지만 그 계약서는 삼성전자와 퀄컴 사이의 계약서라서 제삼자인 애플이 함부로 볼 수는 없으므로, 법원이 명령을 해서 재판에 제출하도록 하고, 그렇다면 합법적으로 그 계약서를 보겠다는 신청이었다. 재판부는 그 계약서가 이 소송에서 필수적인 증거가 될 수 있다고 판단해 애플의 신청을 받아들였다.

애플과 퀄컴의 관계는 매우 우호적이다. 그것도 그럴 것이 아이폰 4S의 무선통신 칩셋은 퀄컴으로부터 공급받는다. 만약 아이폰의 판매대수가 물경 1억 개에 이른다면 퀄컴의 부품 공급도 그에 준하게 되므로 애플의 성공은 곧 퀄컴의 성공을 의미하기도 한다. 그렇지만 퀄컴이 함부로 애플에게 삼성전자와의 계약서를 제공할 수는 없기 때문에 법원의 문서제출명령이 필요한 것이다. 애플 변호사들은 삼성전자와 퀄컴 사이의 특허계약에 관련한 계약서 및 부속서류를 열심히 검토하게 된다. 그리고 그 서류를 통해 삼성전자의 표준특허 침해 주장의 결정적인 약점을 찾을지도 모른다. 게다가 삼성전자와 퀄컴 사이에서 체결된 계약서에 기재된 정보가, 향후에 있을 삼성전자와 애플 사이의 로열티 협상에 있어도 애플에게 맛좋은 정보로 활용될 수 있다. 삼성전자로서는 매우 기분 나쁜 소식이지만, 법원이 명령했으므로 퀄컴은 삼성전자 눈치를 보지 않고 제출할 수 있게 된 것이다.

삼성전자와 퀄컴 사이의 특허계약서는 두 가지 측면에서 결정적인 증거가 될 수 있다. 첫째 특허소진론이다. 시장에서 정당하게 합법적인 제품을 구매한 경우, 관련 특허권은 소진된다는 것이다. 따라서 특허권자가 더 이상 침해를 주장할 수 없게 된다. 홍길동이 A물건에 대한 특허권을 갖고 있다고 가정하자. 임꺽정이 홍길동한테 A제품을 제조하고 판매하는 데 허락(라이선스)을 받는다. 그래서 임꺽정이 장길산에게 자기가 만든 A제품을 판매한다. 이때 장길산이 A제품을 임꺽정에게 구매한 순간, 홍길동은 장길산에게 특허침해를 주장할 수 없다는 법리다.

애플은 퀄컴으로부터 무선통신 칩셋을 구매한다. 그런데 퀄컴이 삼성전자와 특허계약을 체결하면서, 계약서 및 부속서류 조항에 "퀄컴이 제3자에게 판매하는 칩셋에 대해서 삼성전자가 특허침해를 주장할 수 없다."는 규정이 있다면 어떻게 될까? 특허소진론에 입각하자면, 애플이 퀄컴 칩셋을 정당하게 구매하는 순간, 삼성전자는 애플을 상대로 무선특허 침해주장을 할 수 없게 되는 것이다.

둘째, 만일 그 계약서에 삼성전자가 퀄컴에 자신의 특허에 대한 라이선스를 부여하는 규정(로열티 액수 등을 포함)이 있는데, 그 내용을 보건대 애플과 삼성전자와의 협상테이블에서 요구했던 삼성전자의 요구보다 훨씬 퀄컴에게 유리하게 되어 있다면(즉, 애플을 차별했다면), 혹은 애플과 삼성전자 간의 특허분쟁이 발발한 후에 "퀄컴이 칩셋을 판매하는 경우의 라이선스 규정은 애플만 예외로 한다."는 취지로 변경했다면, 정면으로 표준특허권자의 프랜드 규정을 위반할 가능성이 커지며, 곧 경쟁법 위반의 증거가 되는 것이다.

소송은 여러나라로 확전되어 있고, 각 나라마다 법률이 다르긴 하지만, 지적재산권은 국제적으로 매우 공통된 법리에 기초한다. 반드시 그런 것은 아니지만, 저쪽의 소송자료는 이쪽에도 활용될 수 있다. 이것이 글로벌한 특허전쟁에서 때로는 약점이 되고 때로는 장점이 되기도 한다. 이는 곧 애플과 삼성전자의 글로벌 특허 전쟁에서 애플에게는 매우 유리한 장점이 되고, 삼성전자에게는 불리한 단점이 되고 말았다. 유리함과 불리함이 국경을 넘어 번지기 때문이다. 결과적으로 삼성전자와 퀄컴 사이의 계약서는 애플에게 유리하게 활용되었던 것으로 보인다. 애플을 상대로 한 삼성전자의 공격은 특허소진론 등에 의해서 독일, 프랑스, 이탈리아에서 모두 기각됐다. 제2국면에서 삼성전자의 반격은 모두 실패하고 말았다. 그리고 2012년 미국 재판에서도 적어도 소진론에 있어서는 삼성전자에는 먹구름이, 애플에게는 장밋빛이 있다.

이 시기 삼성전자에 세 가지 나쁜 소식이 추가로 전달됐다.

(1) 유럽연합 집행위원회가 표준특허권자인 삼성전자를 상대로 반독점조사에 착수한 것이다. 삼성전자가 줄곧 표준특허를 주장하면서 애플을 강하게 몰아붙였던 것이 부메랑이 돼서 돌아왔다. 특히 네덜란드 재판에서 진 것이 직접적인 화근이 됐던 것으로 보

인다. 삼성전자를 상대로 유럽연합 집행위원회의 반독점조사가 진행되는 동안에는 삼성전자와 애플이 협상으로 이 특허전쟁을 조속히 종결시킬 가능성이 희박해졌다고 볼 수 있다. 애플이 양보할 까닭이 없어졌다.

삼성전자에 대한 반독점조사 결과는 당면한 모토로라와의 특허소송에도 유리하게 활용될 수 있다. 또한 그 결과는 계속되고 있는 재판과 두 회사 사이의 협상에도 활용가치가 매우 높다. 게다가 지금까지의 재판에서도 삼성전자가 애플에게 아무런 타격을 가하지 못한 결과, 애플로서는 특별히 불리함을 느끼지 못하고 있다. 더욱이 이 소송이 넓은 맥락으로는 구글동맹에 대한 특허전쟁이어서 먼저 시작한 다른 제조사들(HTC와 모토로라)과의 소송이 여전히 진행 중이므로, 애플이 굳이 전세가 유리한 삼성전자와의 소송을 먼저 정리할 필요가 없기 때문이다. 예측할 수는 없으나 반독점조사의 결과도 부정적일 가능성이 있다. 유럽연합의 입장이 표준특허권자의 지위와 부당 행위를 규제하겠다는 입장을 공공연히 밝히고 있다.

(2) 두 번째는 미국 캘리포니아 연방법원의 내용이다. 삼성전자는 결국 캘리포니아 연방법원에서의 애플의 판매금지 가처분소송을 방어해냈다. 미국에서의 삼성전자의 영업은 당분간 소송에 의해 영향을 받지 않게 된 것이다. 결과로만 놓고본다면 삼성전자의 성과다. 그러나 내용으로 보자면 2012년 정식재판에서의 시련

을 예상할 수 있다. 캘리포니아 연방법원 북부지원 새너제이 법원의 루시 고 판사는 시장을 특허공격으로부터 옹호하기 위해 노력했다. 그녀는 애플의 주장을 완전히 기각하지 않았다. 삼성전자의 특허침해를 인정하면서도 '긴박하고 회복하기 어려운 피해'가 인정되지 않기 때문에 임시적인 구제(판매금지 가처분)를 할 수 없다는 것이므로 정식재판을 통해 그 불씨가 다시 살아나게 되는 것이다.

이 재판에서는 애플의 스마트폰에 관한 2개의 디자인특허와 태블릿PC에 관한 2개의 디자인특허와 1개의 소프트웨어 특허만이 심리됐다. 판사는 애플의 디자인특허 중 아이폰에 관한 디자인특허 1개, 아이패드에 관한 디자인특허 1개가 무효라고 재판하면서도 나머지 디자인특허들과 소프트웨어 특허는 유효하며 삼성전자가 이 특허를 침해했다고 판결했다. 그러나 침해는 맞지만 삼성전자가 이것을 침해했다고 해서 애플에게 급박한 손해가 생긴다고 보기는 어렵다는 것이다. 애플의 판매금지 가처분신청은 기각되었다. 그러나 삼성전자의 침해사실이 판결로 인정된 상태에서 정식재판에 들어가야 하기 때문에 삼성전자에게는 결코 좋은 소식이 아니다. 게다가 정식재판에서는 가처분소송에서 다루지 않은 더 많은 애플의 권리를 심리할 것으로 예상된다.

(3) 삼성전자에게 기분 나쁜 세 번째 소식은 애플이 유럽과 미국에서 소송을 더욱 확전했다는 사실이다. 제1국면이 사실상 디자

인특허로 삼성전자를 괴롭히는 것이었고, 이로써 소정의 성과를 거뒀다면 제2국면에서는 사용자 화면에 대한 소프트웨어 특허로 삼성전자를 괴롭히려는 것으로 분석된다. 삼성전자가 또 다시 확전하기는 시기적으로 어렵다는 판단이 든다면, 이번 유럽과 미국에서의 확전은 결국 이 소송의 헤게모니가 삼성전자가 아닌 애플에게 있음을 다시 한 번 확인하는 계기가 됐다. 애플은 2012년 1월 독일 뒤셀도르프 법원에 삼성전자의 스마트폰 10종, 태블릿PC 5종 모델에 대한 특허침해금지 청구(본안소송)를 제기했다. 그리고 2012년 2월 미국 캘리포니아 연방법원 북부지원에 구글의 안드로이드 레퍼런스폰인 '갤럭시 넥서스'에 대한 판매금지 가처분소송을 제기했다. 미국 재판에서 애플의 공격은 삼성전자의 모바일 제품 전체로 확장됐다. 새로운 특허무기로 새로운 제품을 공략하고 나섰다.

제3국면: 두 개의 탑, 미국과 유럽에서의 방어

2011년 겨울까지 보내고 애플과 삼성전자의 특허전쟁은 제3국면에 접어들었다. 삼성전자는 미국과 유럽에서 자기 자신을 방어해야 한다. 애플을 상대로 아무런 성과를 거두지 못한 상황에서 삼성전자가 애플에게 치명적인 피해를 가하기는 어려울 것으로 전망된다. 특허만 놓고 보자면 덩치 큰 코끼리가 너구리 하나를 이기지 못하고 두들겨 맞고 있는 형국이다. 매우 자존심이 상했지만 어쩔 수가 없다. 애플은 잘 기획된 소송전략을 구사해 온 반면에 삼성전자는 그렇지 못했다는 단순한 이유 때문이다. 애플은 디테일하게 잘 준비했고 소송을 잘 통제하고 있다. 그러나 삼성전자는 성급했고 자존심이 너무 강했으며 안일했다. 지금이라도 이 소송이 구글동맹과 반구글진영 사이의 글로벌 특허전쟁이라는 맥락을 회복하고, 장기전이자 진지전으로 대응해야 한다는 관점을 유지할 필요가 있다.

그러므로 2012년은 소송을 확전하기보다는 잘 통제하는 데 주안점을 둬야 한다. 현재 진행 중인 4대륙에서의 소송을 잘 통제하고 관리하는 한편, 유럽에서의 애플의 새로운 소송을 방어함과 동시에 유럽연합 집행위원회의 반독점조사에 최선을 다해 대응해야 한다. 애플을 상대로 한 삼성전자의 주무기가 표준특허였다는 점을 감안하면, 유럽연합 집행위원회의 반독점 판정 결과는 애플을 상대로 한 지금까지의 소송을 더욱 나락으로 끌고 갈 수 있기 때문이다. 또한 가장 큰 시장인 미국에서의 재판 결과 또한 애플과 삼성전자의 소송에서 가장 중요한 의미를 띠기 때문에 이쪽에도 전력을 다해야 한다. 바야흐로 2012년은 특허전쟁의 측면에서 삼성전자에게 가장 큰 시련의 시기가 될 것으로 전망한다. 제3국면에서의 주된 쟁점은 다음과 같이 요약될 수 있다.

유럽연합 집행위원회의 반독점조사

애플이 2012년 1월에 새롭게 제기한 독일에서의 재판

미국에서의 정식재판(2011년 버전과, 갤럭시넥서스를 대상으로 2012년 2월
에 새롭게 추가된 소송)

기타 여러 나라에서 진행되고 있는 본안소송의 재판

이 제3국면에서 애플은 과연 어떻게 대응할 것인가? 애플이 삼
성전자와의 소송을 협상으로 해결하기 위해서는 쌍방향 양보를
주고 받아야 하는데 그 가능성은 현저히 낮다. 협상이란 모름지
기 현존하는 위협이 쌍방 모두에게 있고, 협상을 통해 얻는 이익
이 서로 분명히 존재해야 가능한 법이다. 그런데 2011년을 지나오
면서 애플에 대한 삼성전자의 공세가 아무런 효과를 거두지 못해
서 애플에게 현존하는 위험은 크게 발견되지 않는다. 게다가 삼성
전자를 상대로 한 반독점조사와 유럽에서의 재판결과에 따라 삼
성전자가 요구하는 표준특허에 대한 막대한 특허 로열티를 무력
화할 가능성도 존재한다. 지금 상황에서는 소송을 계속 끌고 가는
것이 애플에게 훨씬 유리하다고 판단된다.

더구나 다른 구글동맹의 일원인 모토로라와 HTC와도 소송 중
에 있고, 삼성전자와의 유리한 소송결과는 다른 소송에도 활용될
가치가 있는 까닭에 굳이 유리한 소송을 협상으로 정리할 이유를
느끼지 못할 것이다. 물론 소송규모로 인한 소송비용의 부담이 언

급될 수 있으나 애플이 갖고 있는 현금의 규모와 표준특허를 무력
화했을 때의 반사이익을 고려했을 때, 소송비용은 애플에게 별다
른 부담을 주지 못한다. 현재까지 삼성전자와의 특허전쟁에 있어
애플의 진영은 장미꽃으로 장식되어 있는 형국이다.

여전히 구글동맹은 견고하다. 스마트폰 시장에서는 출하량 점유
율은 애플보다 2배 이상 높다. 구글동맹이 시장을 견인하고 있는
형국이다. 하지만 글로벌 특허전쟁은 여전히 구글동맹의 골칫거리
이자 근원적인 불안감이다.

삼성전자가 구글동맹의 일원으로서 안드로이드폰을 제조하여
성공하고 있어도 애플과의 소모적인 특허소송을 지속해야 하는 부
담을 지고 있고, 소송의 패배에 따른 위협에서 자유롭지 못하며,
로열티를 마이크로소프트에 지급해야만 하고, 오라클의 구글 공격
의 여파를 생각해야 하며, 더욱이 2012년부터 한 몸이 될 구글과
모토로라와의 관계를 고려하면서 동시에 삼성전자 반도체사업부
문과 애플과의 우호적인 관계의 지속성까지 고려하자면 많은 생각
이 교차할 수 있다. 소송이 수 년 이상 길어지고 그 사이 다른 반도
체 회사(대만의 TSMC)가 삼성전자를 대체할 수 있을 정도의 기술수
준과 생산능력을 갖추게 된다면, 삼성전자로서는 가장 나쁜 시나
리오를 생각하지 않을 수 없다.

따라서 윈도우폰의 권토중래 여부는 여전히 삼성전자의 관심사
가 된다. 안드로이드폰은 아이폰의 시장을 잠식하는 것이 아니라

윈도우폰의 시장을 잠식했기 때문에, 윈도우폰의 성장은 곧 안드로이드폰의 하락을 가져온다. 그리고 윈도우폰이 크게 성공하면 애플과의 관계는 다시 안정감을 찾을 수 있게 된다. 이 글로벌 특허전쟁에 있어 애플과 마이크로소프트는 서로 동반자이기 때문이다. 그렇기 때문에 삼성전자는 2012년 안드로이드폰에 주력하겠지만 윈도우폰에도 눈을 뗄 수 없을 것이다.[2]

갤럭시탭 10.1N 이야기

소송의 제1국면에서 삼성전자의 태블릿 PC인 갤럭시탭 10.1은 독일 뒤셀도르프 법원의 판결에 의해 독일시장에서 판매금지됐다. 독일은 유럽에서 가장 큰 시장이기 때문에 삼성전자는 고민했다. 그 고민의 결과가 바로 '갤럭시탭 10.1N'이다. 삼성전자는 판매금지된 갤럭시탭 모델의 디자인을 약간 변경해서 출시함으로써 독일에서의 판매금지의 피해를 최소화하기 위해 노력했다. 애플의 날선 공격을 피하기 위한 삼성전자의 꼼수다. 이 갤럭시탭 10.1N의 출시는 우리에게 디자인특허의 효력이 미치는 범위를 이해하는 데 좋은 소재가 될 뿐만 아니라, 이 소송에 임하는 삼성전자와 애플의 기본적인 생각의 차이를 느낄 수 있는 소재가 된다. 흥미로운 부분이다.

갤럭시탭 10.1 (독일에서 판매금지)　　　　갤럭시탭 10.1N (디자인수정)

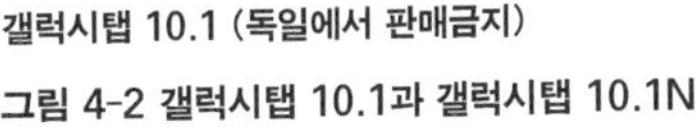
그림 4-2 갤럭시탭 10.1과 갤럭시탭 10.1N

먼저 그림 4-2에 있는 사진을 통해서 독일에서 판매금지된 갤럭시탭 10.1과 판매금지를 피하기 위해 외관을 변경한 갤럭시탭 10.1N의 차이점을 살펴보자. 우선 화면의 구성은 중요하지 않다. 어차피 화면은 다양하게 바뀌는 것이며, 애플의 디자인특허는 태블릿PC의 외관 그 자체에 있기 때문이다. 가장 큰 차이점은 기기의 테두리를 금속으로 둘러쌌다는 것이다. 그리고 좌우 양쪽에 스피커를 설치했다는 점에서 차이가 있다. 기본적인 상식으로 보자면 외관에 큰 차이는 없다. 하지만 법리적으로는 차이가 있다고 보인다. 삼성전자의 고민은 애플의 디자인특허를 피해야 하며, 또한 부품과 관련하여 디자인변경이 제품 생산에 미치는 악영향을 최소화함과 동시에 '카피캣'이라는 이미지를 벗는 것이다. 그리고 갤럭시탭 10.1N은 이러한 삼성전자의 고뇌의 산물이다.

물론 금속 테두리를 추가했기 때문에 그만큼의 원자재를 더 구입해야 하고, 공정이 추가되기 때문에 제조단가가 올라갈 수밖에 없다. 그러나 이렇게 함으로써 애플의 디자인특허를 피할 수 있을 것이고, 더욱이 애플의 디자인특허라는 것은 이 정도로 외관을 변경함으로써 언제든지 회피할 수 있는 것이며, 따라서 애플의 디자인을 모방했다는 주장은 특별히 ‘별것’ 없는 주장임을 어필할 수 있으리라는 전략으로 보인다. 법리적으로는 삼성전자의 주장에 타당성이 있다. 하지만 지나치게 소송공학적으로 접근한 방법이다. 애플과의 관계에서는 매우 어정쩡한 조치가 아닐 수 없다.

어차피 디자인특허 부분은 합의할 수 있는 사항이 아니고, 삼성전자의 갤럭시 시리즈가 아이폰과 아이패드를 참조해서 만든 것임을 누구나 다 아는 상황에서 기왕에 디자인을 변경할 것이라면 삼성전자만의 디자인 정체성을 구현하는 편이 더 바람직한 일이다. 더욱이 디자인은 애플이 매우 예민하게 생각하는 것이어서 좀 더 과감하게 디자인을 변경하여 퇴로를 확실히 확보하는 편이 더 현명한 전략이지 않았을까 싶다. 독일과 호주 이외의 곳에서는 갤럭시탭 판매에 문제가 없었던 만큼, 독일 판매분의 재고를 다른 나라에서 해결하고, 삼성전자의 디자인 정체성을 반영한 외관으로 독일시장에서 대응함으로써 애플과의 관계에서는 디자인 위험성을 지속적으로 줄여나가는 편이 ‘진지전’의 관점에서는 더 좋아 보인다.

어쨌든 삼성전자의 갤럭시탭 10.1N이라는 ‘법리적인 꼼수’를 선택했다. 왜 이것이 법리적으로 특별히 문제가 없어 보이는지 따져보자. 디자인특허도 권리를 주장할 수 있는 '보호범위'라는 게 있다. 어느 정도까지 유사한 것으로 볼 것인가에 관련한 범리적인 측면이다(디자인특허의 침해여부는 외관이 동일한 것 뿐만 아니라, 외관의 유사성까지 고려하며 소비자들의 오인 혼동 여부가 가장 중요한 판단 요소가 된다). 어떤 디자인특허는 그 범위가 넓어서 두루 유사제품을 막을 수 있다. 반면에 어떤 디자인특허는 그 범위가 좁아서 유사하다고 판단할 수 있는 수준이 제한적이다.

참신한 디자인과 응용 디자인이 있다고 가정하자. 전자는 종전에 없던 제품 외관이어서 보호범위가 넓은 경우다. 후자는 종전에 있던 제품 외관을 응용한 디자인으로 그 보호범위가 참신한 디자인보다는 좁게 마련이다. 게다가 제품의 형태적인 변형의 가능성이 많으면 디자인의 보호범위가 넓어지고, 제품의 형태적 변형 가능성이 별로 없다면 디자인의 보호범위가 좁아진다. 예컨대 종전에는 사각형 디바이스였는데 삼각형 디바이스에 대해 디자인특허를 취득했다고 가정하자. 정말로 삼각형 디바이스는 존재한 적이 없다고도 가정하자. 그러면 삼각형의 변의 길이나 모양 그 자체의 변화는 별로 중요하지 않고, 따라서 그런 변형에 대해서는 디자인특허 침해를 주장할 수 있다. 즉, 다양한 모습의 '삼각형태의 외관 디자인'에 대해서 권리를 주장하는 것이 가능해진다. 하지만 종전에 디바이스는 대개 사각형태였으나 그 사각형태는 유지하면서도 몇 가지 독창적인 디자인을 했다고 가정해 보자. 이 경우는 삼각형태 외관보다 변화의 여지가 매우 적다. '사각형태' 그 자체가 중요한 것은 아니고, 그것 말고 다른 외관을 보게 되는 까닭이다.

디자인특허에 관한 이런 법리에 기초해서 판매금지된 갤럭시탭 10.1과 변경되는 갤럭시탭 10.1N의 경우를 고찰해 보면, 사각형태 디바이스 자체는 형태의 변화가 매우 제한적이다. 따라서 사각형태와 내부의 사용자 화면은 디자인특허 침해여부를 판단함에 있어서 크게 중요하지 않게 된다. 단순히 사각형태 전자기기라고 해서 애플의 디자인특허를 침해하는 것은 아니다. 그런데 신제품 갤럭시탭 10.1N은 사각형 기기 테두리에 금속 띠를 두르는 변형을 택했는데, 실제 제품에서는 사진보다 훨씬 그 부분이 두드러지게 눈에 띌 것이다. 따라서 애플의 디자인특허 침해 공격을 피할 수 있는데 상당히 효과적이라고 생각한다.

개인적인 소견으로는 갤럭시탭 10.1N의 외관이 애플의 아이패드 디자인특허를 침해했다고 보기 어렵다. 즉 디자인침해를 피할 수 있다. 실제로 이와 같이 변경함으로써 삼성전자는 독일에서 다시 갤럭시탭을 판매할 수 있게 됐다. 요약하자면 갤럭시탭 10.1N에 녹아 있는 전략은, 종전 모델의 제품과 가능한 한 유사하게(종전 제품의 디자인에 대한 '카피캣copycat'이라는 비난과 판결이 애당초 부당했다는 느낌을 주면서)하면서 애플의 디자인특허를 회피하는 전략이 된다.

애플은 다시 갤럭시탭 10. 1N에 대해서도 판매금지를 청구했다. 외관에 관한 한 삼성전자의 확실한 양보를 얻으려는 것으로 해석되며, 디자인에 관한 퇴로를 확보하려면 확실하게 하라는 요구인 것으로 보인다. 만일 이번 갤럭시탭 10.1N에 대해서 다시 대응을 하지 않으면, 다른 제조사들도 테두리를 두르면 애플의 디자인특허를 피할 수 있다는 인상을 줄 수 있다는 점을 우려했다고 생각한다. 그러나 애플의 주장은 기각됐고 독일법원은 일단 삼성전자의 손을 들어줬다. 다른 제조사에게 디자인에 대한 애플의 의지와 메시지를 주기 위해서 애플은 이 분쟁이 종료될 때까지 다툴 것으로 전망된다.

어쨌든 갤럭시탭 10.1N은 애플과의 특허전쟁에 있어 디자인특허에 관한 한 충분한 퇴로가 확보되어 있음을 상징적으로 나타낸다. 그리고 이 퇴로는 애플의 소송목적이기도 하거니와 삼성전자로서도 결국은 자신이 가야 하는 길이므로 2012년 이후의 새제품들은 애플과의 차별성이 강조되는 방향으로 디자인 될 것으로 보인다. 삼성전자 디자인센터에 수많은 인력이 근무하고 있다는 사실도 바로 삼성전자만의 디자인 정체성을 확립하기 위한 것이므로 제품 외관을 새롭게 디자인하는 것이 삼성전자의 미래를 위한 현명한 길이기도 하다.

제4국면: 출구의 모색

제조사를 상대로 한 애플의 글로벌 특허전쟁은 '구글'을 상대로 한 매우 잘 조직된 싸움이라서 애플과 삼성전자가 아무리 서로 협력관계를 맺고 있다고 한들 독자적인 협상으로 종료될 가능성은 크지 않다. 앞서 말한 것처럼 삼성전자는 이 글로벌 특허전쟁의 종속변수라고 볼 수 있다. 애플이 HTC와 모토로라의 특허소송을 계속하고 있는 한, 그리고 마이크로소프트가 모토로라와 특허소송을 격화시키고 있고, 구글을 정면으로 상대하고 있는 오라클의 공격이 계속되는 한, 애플과 삼성전자의 소송도 지속될 것으로 보인다. 삼성전자로서는 멀리 바라보는 '진지전'의 관점으로 이 특허전쟁을 진행해야 한다. 따라서 성급하게 출구를 모색하기보다는 진지전을 수행하기 위한 참호를 더 확실히 파둘 필요가 있다. 즉 가장 좋은 출구전략은 바로 진지전 전략이다. 굳이 참호에서 나올 필요는 없다. 기회가 올 것이다.

진지전의 관점으로 보자면 소송이 비즈니스에 미치는 위험성을 최소화하는 데 온힘을 기울이는 것이다. 소송을 함부로 확전하거나 감정적인 대응이 없도록 잘 통제할 필요가 있다. 지금도 이 소송은 충분히 확전돼 있으므로 지금 수준의 소송을 3심까지 간다는 전제 하에서 애플에 대응하는 것이다. 그러니까 각국의 대법원까지 간다는 것을 염두에 두고 소송을 느리게 끌고 갈 필요성이 있다. 어차피 애플의 공격 대부분은 디자인을 변경하거나 소프트웨어 기능을 변경함으로써 회피할 수 있다. 삼성전자 입장에서는 애플의 특허공격이 치명적이지는 않은 셈이다. 장기전으로 소송을 끌고 가게 되면, 최종 판결이 나오기 전까지 많은 시간이 흐르게 되고, 어차피 소송의 대상이 된 제품들도 모두 옛날 제품이 되고 새롭게 개선된 제품들이 시장에 출시된다. 즉 삼성전자의 진지전은 장기전이며, 결국 진행 중인 애플과의 소송은 옛날 제품에 대한 소송으로 만드는 전략이어야 한다. 이런 전략에서 제품은 계속 개선될 수밖에 없다.

쟁점이 된 외관 디자인은 애플의 제품과 확실히 구분되게 개선할 필요가 있다. 삼성전자만의 디자인 정체성을 구현한 제품을 출시함으로써 더 이상 디자인 모방 문제가 소송의 쟁점이 되지 못하게 하는 것이다. 비록 자존심이 상할 수도 있으나 일거 양득의 효과가 있다. 첫째로는 소송을 계기로 삼성전자만의 디자인 정체성을 세상에 선보이는 것이다. 어차피 자기 색깔을 가져야 한다면 좀 더 신속하고 분명히 자사 제품의 디자인 정체성을 드러낼 필요가 있다. 둘째로는 제품 디자인 문제를 해결함으로써 애플의 상대방으로서 HTC나 모토로라보다 더 우호적인 분위기를 만들 수 있다. 애플의 주된 관심사는 모토로라가 될 것이다. 그리고 HTC는 특별히 애플과 비즈니스 관계가 없다. 그러나 삼성전자는 애플과 큰 규모의 비즈니스 관계가 있고 이것은 두 회사에게 장점이 아닐 수 없다. 삼성전자의 제품 디자인 문제가 소송쟁점에서 완전히 사라진다면 '구글의 안드로이드'를 사용하고 있다는 점 이외에는 애플과 대척점이 별로 없기 때문에, 위와 같은 장점을 살리는 데 도움이 된다.

진지전을 제대로 수행하기 위해서는 이 특허전쟁의 긍정적인 면을 인식하는 것이 좋다. 글로벌 특허전쟁은 이를테면 아이폰과 안드로이드폰의 기능이 서로 중첩돼 있어서 그 '경계선'이 무엇인지 불분명하다는 것이다. 몇 년간 소송을 진행하다 보면 아이폰과 안드로이드폰의 경계선이 생길 것이다. 그렇게 된다면 특허문제로부터 초래되는 불확실성이 해소되게 된다. 즉, 지금의 특허전쟁은 그러한 불확실성을 해소하는 과정으로 이해하는 편이 좋겠다. 애플과의 특허전쟁을 긍정적으로 바라보는 태도는 감정적인 대응을 억제한다.

또한 이 특허분쟁은 4개 대륙에서 수십 개의 소송이 진행되고 있는 데다가, 구글동맹과 반구글진영 사이의 글로벌 특허전쟁의 일환으로 다른 제조사와의 소송이 서로 얽혀있으므로, 소송의 통제와 관리가 매우 중요하다. 각 나라 법원에서 진행되는 소송을 점검하고 승패 가능성을 객관적으로 파악하며, 애플이 무슨 주장을 어떻게 하고 있는지 정확히 파악하면서 동시에 애플과 HTC, 애플의 모토로라 사이의 소송 진행 경과와 중간 결과를 예의 주시해야 한다. 저쪽에서의 소송결과는 이쪽으로 파급되기 때문이다.

개인적인 소견으로는 한국, 일본, 영국, 프랑스, 이탈리아에서의 재판은 삼성전자가 애플을 상대로 먼저 소송을 제기한 국가인데, 여기에서의 재판은 애플과 잘 협상을 해 상호 소송을 취하해서 정리하는 게 바람직하다. 소송을 제대로 통제하고 길게 끌고 가기 위해서다.

지금까지는 삼성전자의 입장에서 전망한 것이다. 애플의 입장은 어떨까? 적어도 삼성전자와의 소송전에서는 출구전략을 논하기는 이르다. 전체 기조는 지금처럼 유지될 것으로 본다. 다만 애플의 화력과 주된 관심사는 모토로라와의 특허소송에 있다. 모토로라는 애플의 생태계(모토로라는 애플의 아이클라우드 등의 핵심 서비스에 대해서 특허공격을 가했다)를 직접 겨냥하고 있고, 게다가 이 소송이 발발하게 된 근본적 원인인 구글과 한 몸이 된 까닭이다. 그렇기 때문에 삼성전자가 진지전으로 대응하면, 적어도 HTC나 모토로라와의 소송과 비교해 특별히 더 거센 소송으로는 가지 않을 것이다. 애플 또한 장기전으로 임할 것으로 생각한다.

애플과 삼성전자 사이의 특허전쟁은 마이크로소프트의 윈도우폰이 시장에서 크게 성공하는 경우, 안드로이드 운영체제와 iOS 운영체제 사이의 분명한 경계선이 생기는 경우, 모바일 산업에서의 글로벌 특허전쟁이 가져오는 특허제도의 부정적인 영향을 걱정하는 정치적인 중재가 생기는 경우 등이 출구가 될 것으로 본다. 애플이나 삼성전자가 혼자 힘으로 어떻게 할 수 있는 문제가 아니다. 이 두 회사는 서로를 향한 소송은 변호사들이 알아서 하게 하고(단, 매우 조심스럽고 분명하게 통제해야 한다), 모바일 산업의 업계 1위와 2위를 다투면서도 비즈니스 협력관계를 유지하는 쪽에 집중을 하는 것이 바람직하다. 소송과 비즈니스의 완연한 분리, 그것이 바로 이 특허전쟁의 출구전략이다.

또 다른 특허전쟁 상황

애플은 목하 구글동맹과 특허전쟁을 벌이고 있다. 삼성전자와만 소송전을 벌이고 있는 게 아니다. 삼성전자와의 소송전이 가장 규모가 큰 것은 사실이지만(이렇게 규모가 커진 것은 애플탓이라기보다는 삼성전자가 의도한 것이기도 하다), 애플과 HTC의 소송 그리고 애플과 모토로라의 소송이 더 중요할 수도 있다. 특히 후자의 경우에는 2011년 8월 구글이 모토로라를 전격 인수함으로써 애플로서는 가장 중요한 소송이 됐다.

2010년 4월 애플은 HTC를 상대로 판매금지 소송을 제기했다. 이에 HTC도 애플을 상대로 소송을 제기해 맞섰다. 현재까지 애플에게 매우 유리하게 전개되고 있다. 미국 국제무역위원회ITC는 2011년 12월, HTC가 애플의 데이터 탐색기술(이메일이나 문자에 있는 전화번호를 찾아내서 숫자를 일일이 누르지 않아도 그 번호를 터치하는 것만으로 전화를 걸 수 있는 기능) 관련 특허를 침해했다고 판단했다. 만일 이를 수정하지 않으면, HTC의 스마트폰은 미국에서 판매를 할 수 없게 된다. 한편 HTC가 애플을 상대로 제기한 소송에서 미국 국제무역위원회는 애플의 손을 들어줬다. 결과적으로 애플과 HTC 사이의 소송은 애플에게 유리한 국면이다. 그리고 이 소송은 여전히 계속 중이며, 다른 소송이 계속되는 한 당분간 지속될 것이다.

2010년 10월에 시작된 모토로라와 애플 사이의 특허전쟁은 복잡하게 전개되고 있다. 2011년 12월, 독일 만하인 법원에서 애플은 매우 불리한 재판결과를 받았다. 모토로라의 표준특허를 침해했다는 것이며 판매금지의 위기에 몰렸다. 이에 따라 애플은 아이폰3GS, 아이폰4, 아이패드2의 독일 온라인 판매를 일시적으로 중단하기에 이르렀다. 같은 법원에서 애플과 싸우고 있는 삼성전자는 모토로라의 승전보를 환영했을 것이다. 흥미로운 것은 이런 애플에 활로를 열어 주는 쪽은 바로 삼성전자라는 사실이다. 애플은 삼성전자와의 재판(네덜란드 헤이그 법원)을 통해서 표준특허의 경쟁법 침해의 위험성을 부각시키는 데 성공했고, 이를 계기로 유럽연합 집행위원회의 반독점조사라는 혁혁한 성과를 올렸다. 이것을 모토로라에도 활용할 수 있는 상황이 된 것이다.

2012년 2월 애플은 모토로라가 표준특허권자의 프랜드[FRAND] 의무규정을 지키지 않고 특허권을 남용했다며 유럽연합의 반독점조사를 요구했다(이는 사실상 삼성전자에 대한 반독점조사와 같은 맥락이다). 또한 그것보다 일주일 앞서 애플은 캘리포니아 연방법원에 퀄컴과 모토로라와의 특허 라이선스 계약을 근거로 모토로라가 애플을 상대로 독일에서 진행하는 소송을 중지시켜 달라는 소송을 제기했다(이에 대해서는 애플과 삼성전자의 특허전쟁 제2국면을 참조한다). 이와 같은 일련의 애플의 신속하고 적확한 대응을 볼 때, 일대 다수의 특허전쟁임에도 불구하고 애플은 전체 소송을 정확히 통제하고 있음을 엿볼 수 있다.

한편 애플은 2012년 2월 독일 뮌헨법원으로부터 터치스크린의 '잠금해제 기능'에 대한 애플의 특허를 모토로라가 침해했다는 판결을 얻어냈다. 불행히도 이런 사실은 같은 구글동맹의 일원인 삼성전자와 HTC에게 좋지 않은 영향을 미친다. 다른 제조사 안드로이드폰에도 해당 기능이 있기 때문이다.

다시 한 번 애플의 소송전략을 고찰해 보자. 애플의 특허공격은 토끼몰이식 공격이 아니다. 상대방 입장에서 보면 아주 치명적인 공격이 아니다. 예컨대 외관을 다소 변경하거나 소프트웨어의 수많은 기능 중에서 문제가 되는 것을 변경함으로써 대응할 수 있다. 물론 권투경기에서 작은 잽을 많이 허용하면 피로가 누적되어 쓰러질 수도 있지만, 맷집이 좋은 제조사들은 애플의 특허공격으로 인해 그로기 상태까지는 되지 않는다. 문제는 멀티터치 기능, 밀어서 잠금 해제 기능, 두 번 두드려 화면을 확대 및 축소하는 기능, 기타 사용자 화면의 여러 가지 조작 기능들이 사용자들에게 즐거움을 주는 요소라는 것이고, 이런 것들을 하나씩 변형하는 데 소요되는 비용과 변형함으로써 발생하는 모방 이미지 때문에 쉽게 양보하기 어렵다는 것이다. 하지만 재판부의 입장에서 보자면 그런 정도는 애플의 손을 들어주더라도 상대방 제조사들에게 치명적이지 않다는 판단을 할 수 있게 되고, 이것이 바로 애플의 전략적 즐거움이다.

반면에 제조사들은 애플을 상대로 치명적인 공격을 하고 있는데, 앞서 상세히 설명한 것처럼 모토로라와 삼성전자가 사용하는 표준특허 공격은 시장에서 애플 제품을 아예 축출하려는 공세로 여겨질 수 있다. 이런 토끼몰이식 특허공격에 대해서 애플은 읍소 전략으로 대응할 수 있는데, 이를테면 광범위한 소비자들을 갖고 있으며 세계시장에 엄청난 영향력을 행사하는 기업의 영업활동을, 단지 경쟁자의 몇몇 특허(특허범위를 회피하는 것 자체가 거의 불가능한 특허)를 침해했다는 이유만으로 금지시켜야 한다는 것이 과연 정의로운 일인가라는 질문을 던진다. 무엇이 정의인지 판단해야만 하는 판사의 머리가 복잡해질 수 있다. 이것이 바로 제조사들의 특허공세에 대한 애플의 대응전략이며, 현재까지는 효과적으로 작용하고 있다.

다시 말하면 애플의 특허공세는 스마트폰이나 태블릿PC 제품의 핵심적이고 본실적인 기능에 관련한 것이 아니다. 그러므로 제조사가 회피할 수 있는 여지가 많고, 회피할 수도 있으므로 재판부가 애플의 손을 들어줄 가능성이 높아진다. 반면에 애플에 대한 제조사들의 특허공세는 스마트폰이나 태블릿 PC 제품의 핵심적이고 본질적인 기능에 관한 것과 밀접해진다면 애플로서는 관련산업을 접으라는 공세로 비춰지고 이는 재판부가 특허제도를 이용한 선행주자들의 부당한 경쟁행위로 인식할 가능성이 커진다는 것이다.

한편, 마이크로소프트는 안드로이드폰 특허 라이선스 협상에 실패하면서 2010년 11월부터 소송이 진행되었지만, 구글이 모토로라를 인수한 후에는 더 확전되어 있는 상황이다. 마이크로소프트는 2011년 8월 미 국제무역위원회에 일련의 모토로라 제품들에 대해서 미국 내 판매금지를 요구하는 제소를 했고, 12월에는 마이크로소프트의 일부특허를 모토로라가 침해했다는 예비판결을 받았다. 현재 마이크로소프트에 유리한 상황으로 소송이 진행되고 있으며, 구글동맹에 속한 다른 제조사들에게 미치는 효과를 고려해볼 때, 여간해서는 협상으로 종료되기 어려울 것으로 전망된다.

글로벌 특허전쟁, 승자는 누구인가?

지금까지 우리는 글로벌 특허전쟁의 발화점을 짚어보고 또한 그 전개과정을 여러 각도로 구체적으로 살펴보았다. 오늘날 세상을 뒤흔든 글로벌 특허전쟁의 승자는 누구인가? 송사에 관해서 여러 가지 다양한 경험담이 있다. 소송에서 이겼는데 실제로는 만신창이가 된 경우를 종종 보곤 한다. 지불한 소송비용과 노력을 제외하고 나면 경제적인 성과가 없는 경우도 있고, 소송에서는 이겼지만 정신적으로는 피폐해지는 경우도 있다. 이것은 소송만을 바라봐서는 안 된다는 실천적인 경험이기도 하다. 눈앞에 펼쳐진 글로벌 기업 간의 특허전쟁도 마찬가지다. 이는 장기간의 비즈니스 전쟁이기 때문에 몇몇 전투에서의 단기적인 승리와 패배에 지나치게 천착할 필요는 없다.

스마트폰과 태블릿 PC 시장은 사실상 애플에게 큰 빚을 졌다. 안드로이드는 애플의 iOS를 참조했고 애플을 빠르게 추월했다. 제조사들은 안드로이드를 제공한 구글에 커다란 채무를 졌다. 자연스럽게 애플의 기술과 구글의 기술이 서로 얽히고 말았다. 중복되는 영역이 생긴 것이다. 애플은 모방이라며 발끈했다. 구글을 옹호하는 제조사들은 그렇지 않다고 주장하며 오히려 애플이 자신들의 오래된 특허를 침해했노라고 저항했다. 시장에서 완연히 밀려나버린 윈도우 진영은 자신들이야말로 이 분야에서 보호받아야 한다고 강변한다. 무릇 모방에 대해서는 서로 할 말이 있는 법이다. 이쪽에서는 모방이라고 생각하지만, 저쪽에서는 예전부터 있던 거라고 생각한다. 모방인지 아닌지 여부, 타인의 권리를 침해했는지 아닌지 여부는 누구나 주장할 수 있고 저마다 견해를 가질 수 있다.

문제는 견해의 간극이 너무 크다는 것이요, 시장은 한눈을 팔 수 없을 정도로 빠르게 발육하고 있다는 것이요, 그 때문에 함부로 타협하기 어렵다는 것이다. 법원으로 문제를 가지고 가는 것은 판결을 통해 해결하겠다는 목적도 있겠지만 시간을 벌려는 저의도 있는 셈이다. 최종 판단은 법원이 한다. 판결이 말해줄 것이다. 그 '사이' 글로벌 기업들은 시장에서 사활을 걸고 싸우게 된다. 당사자들은 재판이라는 사각의 링에서 맞수만을 응시하는 게 아니라 시장과 소비자들의 얼굴을 바라보면서 잽을 날리는 것이다. 글로벌 특허전쟁은 여기까지 왔다.

앞서 언급한 것처럼, 이 특허전쟁은 기업들이 서로 싸우면서 '경쟁의 경계선'을 만들어가는 과정이다. 그리고 이것은 경쟁구도에서 초래된 극심한 불확실성을 해소하는 과정이기도 하다. 그 경계선이 안착화되면 시장은 안정될 것이고 그에 따라 특허소송은 자연스럽게 잦아들게 된다. 이 특허전쟁은 누가 누구를 시장에서 완전히 추방하는 그런 파국을 초래하지 않을 것이다.

애플의 주장은 상대방이 용이하게 변경 가능하다는 점에서 애플의 특허만으로 삼성전자 같은 제조사를 시장에서 추방할 수는 없다. 삼성전자가 주장하는 표준특허도 후발주자를 시장에서 추방하는 도구로 사용될 수는 없는 것이어서 마찬가지로 애플에게 치명적인 피해를 주지 못할 것이다. 그러나 공방을 주고받고 승패를 주고받다 보면 제품의 외관과 기능의 변화가 생기게 마련이다. 소송을 통해서 당사자들은 스스로를 객관적으로 성찰할 수 있게 되며, 이쪽과 저쪽의 영역이 확인된다. 게다가 모바일 산업에서는 제품들이 짧은 주기로 모델을 바꾸고 신제품이 등장하는 특성이 있다. 새로운 모델들은 특허문제를 해결한 옷을 입고 등장한다. 신제품이 등장할 때마다 소송은 과거의 소송으로 변모하게 된다.

글로벌 특허전쟁이 소비자들에게 피해를 주거나 산업 구조 자체에 해악이 되는 것도 아니다. 지난 몇 년간 격렬한 특허소송이 있었음에도 소비자들은 여전히 원하는 제품을 구매할 수 있다. 이전에도 그랬으며 앞으로도 그럴 것이다. 경쟁은 혁신을 부르지만 규칙 없는 경쟁은 혁신을 혼란 속에 빠트린다. 그런데 작금의 특허소송은 규칙을 만들어가는 과정이어서 오히려 혼돈 속에 빠진 혁신을 구원할 수 있다. 누가 누구를 판결로서 함부로 추방하기 어렵다면, 이 특허전쟁은 산업 구조적인 면에서도 긍정적인 셈이다.

삼성전자는 이 특허전쟁의 승자가 될 것인가? 송사만을 놓고 보자면 애석하게도 삼성전자는 이 특허전쟁의 승자가 될 수는 없을 것이다. 그들이 보유한 놀랄만큼의 많은 특허의 개수가 삼성전자를 구원하지 못함을 우리는 지난 1년의 과정을 통해 목격할 수 있었다. 그들이 제대로 소송을 통세히고 있는지조차 의문이 들 정도였다. 지금의 글로벌 특허전쟁에서 삼성전자의 의미 있는 상대방은 애플 하나다. 소송을 통해 애플을 쓰러트릴 수 있을까? 현재까지의 자료와 행동에 비추어 보건대―3장과 4장에서 이미 분석해본 바와 같이― 매우 부정적이다. 오히려 삼성전자가 의미 있는 패배를 당하지 않도록 잘 방어해야 하는 분위기다.

하지만 삼성전자의 장점은 특허소송이 아니었다. 그들은 엄청난 규모의 하드웨어 생산 시스템을 구축하고 있는 제조사가 시대의 격변기에서 가져야만 하는 미덕은 모든 자원을 동원하여 시장의 변화에 신속히 대응하는 일임을 입증했다. 그런 점에서 노키아와 구별된다.

혁신의 시기, 대전환의 시기에는 종래의 모든 관념과 관습과 순위가 의심된다. 이 시기가 되면 시간은 상대성을 가지며, 과거의 5년이 이 시기에서는 5개월과 같아진다. 기업의 모든 역량은 변화하는 세계에 더 빨리 적응하고 주도할 수 있도록 하는 데 초점이 맞춰진다. '카피캣'이라는 비난을 자초하더라도 자존심에 상처를 입더라도 과감하고 빠르게 움직여야만 시장에서 생존할 수 있음을 삼성전자는 보여주었다.

삼성전자가 구글동맹의 일원이 되기를 결심하는 순간, 그룹의 사활을 걸고 구글동맹의 최선두에 나서야 하는 사명감을 가져야만 했고 당연히 애플과의 소송전은 충분히 예견됐던 문제였다. 흥미로운 것은 2011년 4월부터 시작된 애플과의 소송전을 거치면서 오히려 삼성전자는 눈부신 성공을 거듭했다는 점이다. 급기야 삼성전자는 세계 1위의 자리를 거머쥤다. 특허소송의 여파가 아니라 가장 큰 거래관계를 가진 파트너와의 전쟁도 불사하는 불퇴전의 전략이 주효했던 것이다. 비즈니스가 특허에 선행한다는 평범한 진리가 다시 입증됐다. 특허전쟁에서 이기지는 못해도 비즈니스 전쟁에서는 승리할 수 있다는 교훈이다.

삼성전자가 이 특허전쟁에서 승자가 되기 위한 조건은 다음과 같다. 비즈니스 전쟁의 관점으로 특허전쟁을 바라볼 때의 승자의 조건이다. (1) 소송이 시장에 미치는 영향력을 최소화할 것, 이를 위해 불리한 판결이 미치는 영향을 과거의 제품으로 만들며, 소송이 진행되는 과정에서 계속 모델을 바꿔가며 특허공격을 피함과 동시에, 좀 더 우수한 제품으로 소비자를 유혹할 수 있을 것, (2) 협상을 통해 명시적으로(소송의 종결) 혹은 암묵적으로(변호사들의 싸움) 소송을 끝낼 수 있을 것, (3) 소송이 확전되지 않도록 잘 통제하고 애플과 마이크로소프트와의 비즈니스 협력관계를 더욱 공고히 할 것.

이런 승자의 조건은 시간이 걸리며 섬세한 전략이 필요하다. 감정의 개입은 불필요하다. 애플의 제품을 특허로 판매금지시키는 것은 쉽지 않은 일인 데다가 애플의 라인업이 단일 모델로 구성되기 때문에 판매금지의 파장이 심대하여 오히려 그런 결과는 소송을 걷잡을 수 없을 정도로 확전시킬 수 있음을 간과해서는 안 된다. 지금의 소송은 애플과 구글의 경계선을 만들어가는 과정이고 시간이 지나면서 경영상에 초래되는 불확실성이 감소하게 될 것인데, 거꾸로 소송을 진화할 수 없을 규모로 키울 필요는 전혀 없다. 삼성전자의 미덕은 그 큰 규모에 비해 움직임이 빠르다는 것인데 소송을 너무 깊게 파서 스스로에게 덫이 돼서는 안 된다. 그렇기 때문에 삼성전자로서는 특허소송을 잘 통제할 필요가 있는 셈이다.

그렇다면 애플은 이 특허전쟁의 승자가 될 것인가? 거칠게 표현하자면 애플은 이 특허전쟁의 영광스러운 승자가 될 가능성이 크다. 하지만 그들이 받는 승소판결은 영광에 비해 보잘것이 없다. 애플이 이기더라도 상대방은 무릎을 꿇고 고개를 떨구는 것이 아니기 때문이다. 이점은 애플도 알고 애플의 상대방도 잘 알고 있다. 이미 우리가 앞서서 자세히 살펴본 것처럼 이 소송에서의 애플의 전략은 역동하는 모바일 산업에서 경쟁자를 완전히 추방하겠다는 것이 아니라는 사실은 그들의 핵심 무기를 살펴보는 것만으로도 파악 가능하다.

네덜란드와 독일에서 일부 삼성전자의 제품은 판매금지됐지만 모델변경으로 삼성전자의 제품은 다시 판매되기 시작했다. HTC와의 소송에서도 애플이 이겼지만 역시 모델변경으로 HTC 제품이 판매되고 있다. 그러니까 애플의 공격은 단지 '내 영역과 당신의 영역'을 정하려는 것이지 상대방에게 KO펀치를 날리는 게 아니다.

자존심이 걸리기는 하지만 이기든 지든 비즈니스에 미치는 영향이 치명적이지 않은 셈이다.

오히려 애플의 주된 전략은 이 분야의 오래된 터줏대감인 제조사들의 특허 공세를 방어하는 데 초점이 있다고 볼 수 있다. 애플은 2007년부터 모바일 산업에 진입한 후발주자요, 역사가 짧은 '신출내기' 기업이라는 점을 잊지 말자. 그런 애플이 삼성전자, 모토로라, HTC와 동시에 소송을 벌이고 있는 것이다. 특히 삼성전자와 모토로라는 이 분야의 특허강자이므로 그들의 '표준특허' 공세를 차단하는 데 전력을 투구할 것으로 보인다. 이를 통해서 애플이 부족한 특허의 취약점을 완연히 해소함으로써 경영상의 불확실성을 해소해 나갈 것이다.

또 다른 특허강자인 노키아와는 2011년 봄에 협상을 통해서 분쟁을 해결함으로써 그만큼 특허로부터 초래되는 불확실성이 감소했다. 애플이 다른 주요한 경쟁자보다 부족한 것은 특허포트폴리오, 그리고 제품이 단일 모델이라는 사실이다. 이것은 여러 굶주린 하이에나의 좋은 먹잇감이다. 그러므로 특허전쟁에서의 애플의 성패는 경쟁자를 공격함으로써 방어한다는 전략에 달려 있다고 말해도 과언이 아니다.

한편 자기 기술과 제품에 대해서 경쟁자들이 모방했다손 치더라도 모든 모방을 법적으로 어떻게 헤볼 수 있는 게 아니라는 사실쯤은 애플도 잘 알고 있을 디시다. 감정상의 문제와 법리상의 문제는 서로 일치하지 않는다. 하지만 이것을 그냥 방치하면 애플의 영역과 경쟁자의 영역(주되게는 안드로이드 제조사들의 영역)이 혼잡스럽게 섞여버리고 만다. 프리젠테이션의 언변이나 언론을 상대로 한 입장의 표현만으로 이 문제를 해결할 수는 없다. 책상을 치면서 비난한다고 해결될 문제가 아니다. 잘 짜여진 송사는 감정을 순화시키기에 안성맞춤이다. 소송이 진행되다 보면 어떤 영역이 우리 것이며, 어떤 영역이 상대방의 영역이고, 또 어떤 영역이 모두가 사용하는 만인의 영역인지 확인될 것이다. 이런 경계선 확인 작업은 경쟁자에게도 유익하지만 애플에게도 좋다. 애플에게 필요한 것은 좀 더 안정적인 시장 환경이다. 자신이 천하를 통일할 수도 없으며 그래서도 안 된다는 것쯤은 애플도 잘 알고 있을 것이다.

이미 세계 스마트폰 시장의 50% 이상을 점하고 있는 안드로이드 진영이 소송을 통해 무너지기는 힘들다. 설령 무너진다고 해도 그건 재판정에서가 아니라 소비자들을 배심원으로 하는 시장에서다. '혁신기업'이라는 이미지를 갖고 있는 애플로서는 특허전쟁이 좋은 마케팅 포인트로 작용하기도 한다.

글로벌 특허전쟁의 진정한 배후인 구글은 특허전쟁의 승자인가? 머리 좋고 잔꾀가 밝은 구글은 이 특허전쟁을 일으킨 장본인이다. 하지만 구글은 제조사들 뒤에 숨어 있다. 구글은 오라클의 공격만 잘 막아낼 수 있다면 이 특허전쟁의 승자가 될 것이다. 구글에게 있어 소송은 일종의 비즈니스이고 소송의 성패가 구글이라는 만리장성을 뒤흔들지는 못한다. 구글이 제조사들에게 무료로 배포한 안드로이드를 통해서 얻는 수익보다 애플 제품을 통해서 얻는 수익이 더 크다는 것은 이미 언론을 통해 알려져 있다. 경쟁법 때문에 애플 제품에서 구글의 검색엔진을 뺄 수는 없다. 시장에서 애플이 성공을 하든 안드로이드가 성공을 하든 구글은 자기 몫을 챙길 수 있다. 이것이 바로 구글의 즐거움이다. 즉 구글의 입장에서, 삼성전자 등의 제조사들의 성공과 애플의 성공은 양립 가능한 것이다. 오히려 구글은 마이크로소프트의 윈도우 진영이 권토중래하는 것을 가장 경계할 것이다. 윈도우 진영이 천하삼분지계로 안정적인 시장 점유율을 갖지 않는 한 구글은 글로벌 특허전쟁에서 변함 없는 승자가 될 것으로 보인다.

특허의 관점에서만 보자면 글로벌 특허전쟁에서 마이크로소프트는 현재까지 승자의 지위를 점하고 있다. 제조사들은 안드로이드 운영체제 소프트웨어를 사용하는 대가로 구글이 아닌 마이크로소프트에게 로열티를 지불한다. 비록 직접적인 소송을 통해서 그런 성과를 거둔 것은 아니지만 그 또한 특허공격의 성과이므로 역시 글로벌 특허전쟁의 맥락에서 파악된다. 하지만 글로벌 특허전쟁은 단지 특허 관점에서만 바라봐서는 안 된다. 특허전쟁은 비즈니스 전쟁이라는 관점을 잃지 않으면 마이크로소프트의 성과가 보잘것없다는 사실을 눈치챌 수 있다. 최근 3년간 윈도우 진영은 시장에서 패퇴를 거듭했다. 제조사들은 윈도우를 버리고 안드로이드를 선택했다. 마이크로소프트의 입장에서는 지난 3년이 마치 30년 같은 긴 세월로 느껴졌을지도 모른다. 그렇기 때문에 2012년은 마이크로소프트에게 그리고 글로벌 특허전쟁에 매우 중요한 한 해가 될 전망이다.

윈도우의 대표주자임을 자임하고 있는 노키아의 루미아 시리즈가 과연 시장에서 성공을 거둘 수 있을지 그리고 윈도우 8이 안드로이드를 대적할 수 있을지 2012년은 이에 대한 답을 내놓을 것이다. 만일 만족할 만한 답이 아니라면 노키아는 더 빨리 몰락할지도 모른다. 또한 마이크로소프트는 모든 영광을 구글에게 양보할 수밖에 없을지도 모른다. 만일 노키아의 루미아와 윈도우 8이 마이크로소프트를 구원하지 못하면, 역사는 마이크로소프트가 여러 전투에서는 승리했지만 결국 전쟁에서는 패전했노라고 이 특허전쟁을 기록할 것이다. 거꾸로 2012년의 성과가 의미 있는 메시지가 된다면 윈도우 진영은 옛 영광을 회복할 교두보를 확보할 수 있게 되고, 역사는 이 특허전쟁을 천하삼분지계의 경계선을 구축했노라고 기록할지도 모른다.

글로벌 특허전쟁 승자는 누구인가? 호사가들에게는 유감스럽지만 정복자는 없다. 알렉산더도 징기스칸도 나폴레옹도 없다. 세계는 구시대와 신시대를 잇는 극심한 전환기에 있다. 하지만 시장은 늘 안정되기를 원한다. 글로벌 특허전쟁은 오히려 안정을 부를 것이다. 불확실성은 잦아들고 경계선이 만들어질 것이다. 소비자들은 여전히 만족해하며 창의력과 혁신을 부르는 바람은 어느 곳에서든 당신의 옷깃을 흔들 것이다.

이 특허전쟁에 너무 많은 베팅을 한 사람들에게……

"내가 내린 닻, 내 덫이었구나"
- 황지우의 시, '길' 중에서

5장

특허전쟁 그 후

1장~4장을 통해서 우리는 글로벌 특허전쟁의 배경과 진행과정을 분석했다. 여러 모로 삼성전자는 이 글로벌 특허전쟁의 종속변수이며 유리하지 않은 위치에 있다. 글로벌 특허전쟁은 단순한 소송전이 아니다. 이것은 시대의 변화를 표상하며 산업의 미래를 호명한다. 송사를 벌이고 있는 당사자 중 어느 하나를 응원하는 이유는 누구에게나 있다. 우리에게는 누구든지 응원할 수 있는 자유가 있다. 그래, 애플을 응원하자. 아니지, 삼성전자를 응원하자. 그러나 개인의 창의적인 활동과 중소기업을 지원하고 후원하기 위해 전력을 투구하자. 거기에 더 나은 희망이 있다. 이 장에서는 특허전쟁이 표상하는 시대의 변화를 이야기하고 이를 통해서 산업의 미래를 그려본다.

특허전쟁 그 후는 정치적이다

글로벌 특허전쟁은 새로운 미래를 점하기 위한 비즈니스 전쟁이다. 이 특허전쟁은 정치적인 것과는 특별히 관련성이 없다. 그러나 '특허전쟁 그 후'는 정치적이다. 특허소송전으로 비화된 글로벌 기업 간의 대충돌은 시대의 변화를 은유한다. 세상이 바뀌었다. 그러므로 우리는 자연스럽게 '무엇을 할 것인가'라는 질문을 던진다. 글로벌 특허전쟁에서 어떤 교훈과 시사점을 얻고, 우리 산업이 가야할 길을 묻는다. 그런데 이런 질문이야말로 지극히 정치적인 것이다.

좀 더 강력한 특허, 질 좋은 특허를 취득하기 위해서 정부가 노력할 일은 별로 없다. 그것은 개별 기업이 임무인데다가 정부가 나서서 도와준다고 해결될 문제가 아니다. 특허소송의 위험을 알

린다거나 소송정보를 제공하고 지원하는 작업은 유용하다. 하지만 극히 일부의 성공한 기업만이 글로벌 특허소송에 휩쓸릴 뿐이어서 그런 작업이 국가적 과제가 되는 게 아니다. 이런 일들은 지엽적인 문제며, 특별히 정치적이라고 할 것까지는 없다. 그러나 '특허전쟁 그 후'가 산업정책의 방향성을 건드리는 순간 정치적인 문제가 된다. 국가의 크고 작은 산업정책의 입안, 실행, 수정, 취소에는 저마다 법령의 뒷받침이라거나 정부의 강력한 입장이 있어야 하며, 막대한 예산이 소요된다. 입법부와 행정부가 개입되기 때문에 정치적이며, 여기에 복잡한 이해관계가 얽히기 때문에 역시 정치적이라고 말할 수 있다.

기업에는 대기업이 있는가 하면 중소기업도 있다. 우리나라 기업 중에는 몇몇 글로벌 기업이 있는가 하면 오늘 막 창업한 신출내기 기업도 있다. 이들 기업의 이해관계와 관심사는 저마다 다르다. 어떤 사안은 대기업에게는 유리하지만 중소기업에게는 불리할 수 있다. 그 반대의 경우도 있다. 분야도 저마다 각양각색이다. 그러니까 우리가 "우리나라 기업이 더 존중받아야 한다."고 말할 때 우리나라의 어떤 기업을 지칭하는지 차분히 따져볼 문제다. 각 기업마다 이해관계가 다르고, 그 이해관계가 서로 대립할 수도 있기 때문이다.

특허제도는 어느 한 기업의 빛나는 성과를 위해 봉사하는 제도가 아니다. 시장 경제는 부당한 독점이나 과점에 따른 폐해를 막기 위해 그동안 부단히 노력했다. 하지만 특허제도는 독점을 법적으로 허용하는 예외적인 장치다. 이렇게 국가가 나서서 독점을 허용하려는 취지는, 기업이나 전문가가 자신의 진보적인 기술을 널리 공개하도록 유도함으로써 전체 산업의 발전을 도모하기 위함이다. 그런데 특허제도는 기본적으로 외국인을 내국인과 동등하게 보호해야 하는 의무를 할당받았다. 각 나라의 특허제도는 국제조약(공업소유권을 위한 파리조약과 특허협력조약 등) 하에서 작동되므로, 특허제도를 이용해서 산업발전을 도모한다고 해도 그것이 국수주의적이거나 폐쇄적으로는 할 수 없게 된다. 특히 우리나라처럼 수출 위주의 산업에서는 외국에서의 특허취득도 매우 중요하기 때문에 우리나라 기업이든 외국 기업이든 특허제도의 운용에 있어서는 매우 공평한 자세를 유지할 필요가 있다.

글로벌 특허전쟁에 있어서도 마찬가지다. 우리나라 기업 중 삼성전자가 이 특허전쟁에 휘말려 있더라도 국가가 나서서 삼성전자를 응원하거나 지원할 수는 없다. 그와 같은 비좁은 시각은 곧 한국 법제 시스템의 불신을 낳을 수 있는 요소가 되며, 외국에서의 우리나라 기업의 차별적 대우에 항의할 수 없는 요인이 될 수 있다. 문제는 글로벌 특허전쟁의 추이가 우리나라 산업에 미치는 영향에 대한 평가 작업이다. 이때 특히 유념해야 할 것은 섣불리 삼성전자의 관점에서 바라봐서는 안 된다는 점이다. 우리나라 산업의 동력이 삼성전자로부터만 비롯되는 게 아니다. 다른 대기업도 있고, 수많은 중소기업과 이제 막 창업을 한 신출내기 기업도 있다. 국가는 더 넓은 시각으로 글로벌 특허전쟁을 바라볼 필요가 있다. 특히 정부, 공기업, 공공기관은 국민의 세금으로 운영되는 권력이자 그 권력의 유관기관이므로 좀 더 넓고 깊은 통찰이 요구된다. 그러나 국가는 법제와 정책으로 통찰하고 말하므로 관료와 정치인의 시각이 정말로 중요하다. 결국 사람의 문제다. 그들이 몇몇 대기업만을 염두에 두고 사태를 파악하면서 정책을 입안한다면 우리나라 산업 자체가 시대에 뒤처질 수밖에 있다.

중소기업의 발전을 국가의 성장동력을 삼아야 한다는 정치인들을 많이 봐왔으나 그들에게서 어떤 구체적인 전략과 내용을 발견하기는 쉽지 않다. 왜냐하면 그들은 매우 '정치적'이기 때문이다. 그들의 주된 관심사는 '산업의 방향성을 어떻게 구현할 것인가'가 아니라 관료들이 제공하는 잘 짜인 보고서와 통계들에 얼마나 많은 자신의 정치적 슬로건이 들어 있는가이기 때문이다. 하지만 그들은 자신이 생각하는 것보다 훨씬 더 많은 것을 할 수 있다. 법제를 손질할 수 있으며, 국가 정책의 방향성에 손을 댈 수 있는 존재다. 하지만 그러기 위해서는 관료의 벽을 넘어야 하고, 때로 관료들의 산업정책이 놓여 있는 책상을 뒤엎어야 한다.

그러나 관료들이 정치인의 책상을 장악한다. 정치인은 잠시 파견된 사람이며 그 기간 동안만 권력을 누리지만 관료들은 오랫동안 준비된 전문가다. 물론 관료와 정치인을 함부로 매도할 수는 없다. 그러나 이제까지 우리가 익숙하게 본 것은 현장에 대한 광범위한 전문가 리서치와 인터뷰와 실태조사에 입각하여 입안된 실사구시의 정책이 아니었다. 글로벌 비교표, 통계자료와 장밋빛 시장전망을 통해 입안된 정책은 종종 몇몇 대기업만을 염두에 두곤 했다. 대표 주자를 키우고 육성해서 그 대표 주자가 전체 산업을 리드해 나가는 일종의 '속도전'은 지난 수십 년간 우리 산업의 특징이었다. 국가 과제는 결국 대기업의 몫이었다. 그 결과 산업이 수직적인 체계와 문화로 경직화 됐다. 산업현장에서의 관료성과 행정분야의 관료성은 구시대 동전의 양면이었다.

'창의성'이란 새로운 것을 생각해내는 힘을 뜻한다. 특허제도가 보호하는 것이 '새롭고 참신한' 기술이라는 점에서 곧 '창의성'과 그 맥락을 같이 한다. 글로벌 특허전쟁은 창의성과 상상력의 결과물이 시대를 바꾸고, 시대의 대전환기에서 벌어진 치열한 비즈니스 경쟁이 결국 특허제도를 통해서 충돌한 것이다. 그러므로 단순히 특허소송이라는 관점이 아니라 시대가 어떻게 변화하고 있는지를 중심으로 바라볼 필요가 있다. 즉 특허전쟁이라는 외관이 아니라 그 속에 흐르는 혁신의 시대가 드러나야 한다. 혁신의 시대는 특허전쟁 그 후의 세상이다.

이 세상은 하드웨어에서 소프트웨어 중심으로 통합된 세계, 제조시 중심에서 소비자 중심의 세계, 기술과 예술이 통합되는 세계, 인문학적 통찰과 성찰이 중시되는 세계, 이종의 학문과 전문성이 서로 협업하고 융합하는 세계, 개인의 창의성이 글로벌화 되는 세계다. 어쨌든 정부는 특허전쟁 그 후의 세상을 진전시키기 위해서 나서야 한다. 무엇을 할 것인가라는 질문에 답하기 전에 글로벌 기업들의 특허전쟁을 통해 드러난 '무엇'을 바라본다.

하드웨어에서 소프트웨어 시대로

애플과 삼성전자의 특허전쟁은 결국 운영체제 소프트웨어로 여러 제조사를 한데 결집시킨 구글동맹과 이와 경쟁하는 반구글진영의 글로벌 특허전쟁의 종속변수다. 이것은 격동하는 모바일 산업에서의 패권을 겨루는 전장이기도 하지만, 한편으로는 과도기 한복판을 격하게 지나면서 안정적인 비즈니스 룰을 만들어가는 과정이기도 하다. 이전과는 전혀 다른 시장에서 자기 영역을 확정해 가는 '경계선 긋기' 작업이다. 글로벌 특허전쟁은 몇 차례 강한 파열음을 내겠지만, 그 자체로 단기간에 기업의 몰락을 가져오지는 않을 것이다. 장기간에 걸쳐 큰 비용을 지불하며 지속되는 것이라서 산업 자체의 위기와 파국을 몰고오지는 않을 것이다. 오히려 글로벌 특허전쟁이 시대의 대전환기를 상징적으로 나타내는 것으로 이해하여, 그로부터 드러난 것을 바라보는 자세가 중요하다.

우선 애플과 삼성전자의 특허소송을 통해서 디자인특허의 중요성과 표준특허에 대한 재인식이 분명해졌다. 또한 기업 내부 조직의 관점으로는 경쟁기업의 위험을 지속적으로 모니터링함으로써 문제가 발생한 연후에 해결하기 위해 동분서주하기보다는 위험을 감지하고 문제를 예방하기 위한 노력이 중요함을 새삼 깨닫게 한다. 특허를 특허만으로 바라볼 것이 아니라 비즈니스 관점으로 그 바라봄의 시선을 넓혀야 한다는 교훈을 주기도 한다. 하지만 이런 것들은 지적재산권에 관련한 드러남이다. 드러남은 여기에 국한되지 않는다. 격동하는 모바일 산업의 현재와 미래에 즈음해 이 특허전쟁이 갖는 시대적인 메시지가 있다.

우선 우리가 주목할 수 있는 것은 하드웨어 중심에서 소프트웨어 중심으로의 시대적 변화다. 하드웨어와 소프트웨어가 완전히 분리될 수는 없다고 할 때 소프트웨어 중심의 새로운 융합이라고 말할 수 있다. 전통적인 하드웨어 분야의 강자들이 오랫동안 지켜온 자리를 소프트웨어 강자들에게 하나둘 양보하고 있다. 그저 자리를 양보하는 차원을 넘어 오히려 종속적인 지위로 이전되고 있는 모습이다. 구글동맹은 결국 안드로이드 운영체제 소프트웨어를 구글이 하드웨어 제조사에게 무상으로 제공함으로써 결성된 동맹이다. 만일 이 소프트웨어가 없었더라면 삼성전자와 HTC의 최근 몇년 간의 견고하고 눈부신 성공도 가능하지 못했을 것이다. 애플이 이루어놓은 혁신도 결국 그들의 소프트웨어에 기초한다. 소프트웨어 기업인 오라클이 썬마이크로시스템즈를 인수한 것도 소프트웨어 기업이 시대를 선도하고 있다는 증거가 되기도 한다.

같은 소프트웨어 기업이라고 하더라도 구글과 애플은 완전히 다른 방향성을 갖는다. 구글은 자신의 소프트웨어를 많은 제조사(하드웨어 기업)에 개방해 널리 사용하게 하겠다는 전략을 편다. 이는 마이크로소프트의 전략과 같다. 단지 구글은 기본적으로 무료 전략이었고 마이크로소프트는 유료 전략임이 달랐을 뿐이다. 반면에 애플은 소프트웨어와 하드웨어가 철저하게 통제되고 통합되었을 때에만 더 큰 가치를 발현한다는 믿음을 가지고 있다. 애플의 소프트웨어는 애플의 하드웨어에서 작동되어야만 소비자들이 진정한 즐거움을 경험할 수 있다는 지향점이다. 결국 하드웨어 제조사들은 구글이나 마이크로소프트와는 협력관계를 유지할 수 있지만 애플과는 경쟁관계에 놓이게 된다.

하지만 개방적이기 때문에 구글의 전략이 옳고 폐쇄적이기 때문에 애플은 적대적일 수밖에 없다는 접근은 상당한 오해다. 이것은 단지 수십 개 정도밖에 안되는 대기업(국가마다 두어 개 정도의 대기업)의 관점에 불과하다. 이런 기업 중 우리나라 기업으로는 삼성전자, LG전자, 팬텍이 있고, 외국기업으로는 모토로라, HTC, 소니에릭슨, 노키아 등을 들 수 있다. 이들 제조사들의 관점에서는 구글이나 마이크로소프트가 옳고 애플이 틀렸다. 그러나 이 세상에 존재하는 수많은 기업이 애플을 적대시할 수밖에 없는 운명이냐 하면 그렇지 않다. 애플의 생태계ecosystem에서 활약하는 다른 소프트웨어 기업들, 콘텐츠 기업들, 혹은 소비자들이 애플의 폐쇄적인 소프트웨어에 참을 수 없는 불편함을 느끼는 것도 아니다. 오히려 많은 개발자들이 애플이 제공한 새로운 개념의 생태계에 열광을 했으며, 수많은 소비자들이 애플 제품에 환호했다. '폐쇄성'이라는 용어는 때로 반감을 불러일으키는 경쟁자들의 선전 도구로 활용된다.

시대의 격변기는 운영체제 소프트웨어에만 국한되는 이야기가 아니다. 운영체제 소프트웨어를 이용해 구축된 소프트웨어 생태계가 있다는 사실이 훨씬 중요하다. 그리고 이 생태계는 국적을 불문하고 모든 기업들이 이용할 수 있다. 단지 개인정보에 관한 규칙이나 결제에 관한 규칙, 기술적인 준수사항 등의 몇 가지 엄격한 규칙을 지켜야 할 뿐이다. 즉, 소프트웨어 시대에서 진정으로 중요한 것은 안드로이드, iOS, 윈도우 같은 운영체제 소프트웨어가 아니라 소프트웨어 생태계이며, 이 생태계를 유지하는 플랫폼과 콘텐츠다.

우리나라는 제대로 된 운영체제 소프트웨어를 가진 적이 없었다. 운영체제 소프트웨어의 거의 전량을 외산(예컨대 마이크로소프트의 윈도우) 제품을 사용하면서도 우리나라 기업은 PC 산업에서 경쟁하고 성장해 왔다. 국산 운영체제 소프트웨어를 사용하지 않는다고 해서 누구도 우리 산업과 경제를 종속적인 것으로 폄하하고 경쟁력이 없다고 단정하지 않았다. 우리나라 뿐만 아니라 세계 대부분의 나라가 글로벌 산업사회에서 경쟁할 수 있는 운영체제 소프트웨어를 보유하지 않았다. 독자적인 운영체제 소프트웨어는 자칫 자국의 산업을 글로벌 시장으로 나아가게 하지 못하게 만든다. 우리 산업의 지향점은 '갈라파고스 섬'이 아니다. 그렇기 때문에 독자적인 운영체제 소프트웨어의 개발이 우리나라의 핵심적인 국가 과제였던 적도 없었고, 대기업의 존망을 좌우하는 과제였던 적도 없었다.

그럼에도 불구하고 어떤 이는 독자적인 운영체제 소프트웨어 개발을 강조한다. 더욱 뛰어난 소프트웨어를 개발하기 위해 노력하는 것은 좋은 태도다. 그러나 마치 그것만이 산업의 경쟁력을 좌우한다고 성급히 결론을 내리는 것은 위험한 생각이다. 이는 몇 년 내에 달성될 수도 없고, 설령 그렇다 하더라도 글로벌 시장에서 검증을 받지 못하면(작금의 특허전쟁도 운영체제 소프트웨어의 검증 과정이다), 아무짝에도 쓸모 없는 것이다.

노키아도 자신의 운영체제인 심비안을 버리고 마이크로소프트의 윈도우를 선택했으며, 리서치인모션의 블랙베리는 지속적으로 시장 지위가 격하되고 있다. 이런 사실은 소프트웨어 시대가 왔다고 해서, 당장 운영체제 소프트웨어의 국산화가 함부로 기업과 국가의 핵심과제로 설정돼서는 안 됨을 웅변해 준다. 그렇기 때문에 삼성전자가 자체 운영체제 소프트웨어를 만들고 발전시키겠노라고 수많은 소프트웨어 인적자원을 흡수하는 것은 방향착오라는 비판을 받을 수 있는 것이다. 게다가 국가적으로도 좋지 못하다.

문제는 생태계이며, 콘텐츠와 플랫폼이기 때문이다. 새로운 콘텐츠를 개발하고, 유통시키는 작업, 콘텐츠를 유통시키기 위한 플랫폼 전략, 그리고 구글, 애플, 마이크로소프트의 플랫폼에 자신의 콘텐츠와 플랫폼을 최적화하는 작업이 모두 소프트웨어 분야다. 그리고 이 분야야말로 시대의 변화를 대표적으로 상징하는 것이다.

흥미로운 사실은 소프트웨어 중심 시대로의 변화에 즈음해 중소기업과 개인의 기회의 창이 종전보다 더 크게 열렸다는 점이다. 중소기업은 생태계의 중심에 놓일 수 있게 됐다. 종전의 하드웨어 중심 시대에서는 규모의 경제, 생산성, 효율성, 물류 등의 여러 관점에서 중소기업이 대기업과 경쟁하기가 매우 어려웠다. 하드웨어 플랫폼은 중소기업과 개인의 골칫거리였다. 그러나 소프트웨어 중심의 시대에서는 중소기업과 개인에게 매우 유용한 플랫폼, 그것도 글로벌 플랫폼을 활용할 수 있는 기회가 주어졌다. 막대한 비용을 지불해서 개발해야 하는 콘텐츠 유통을 위한 플랫폼은 구글, 애플, 마이크로소프트의 플랫폼(앱스토어)을 활용하는 것으로 대체될 수 있기 때문이다. 이런 규격화되고 광범위한 플랫폼은 중소기업과 벤처기업, 창의적인 개인에게는 예전과 비교하여 매우 좋은 환경이 아닐 수 없다.

복잡하고 투명하지 않은 유통 시스템과 문화는 늘 약자에게는 쉽게 해결되지 않는 숙제다. 권위적인 갑을 문화는 오랫동안 우리나라 중소기업과 창의적인 개인들을 괴롭혀 왔다. 그러나 글로벌 3사의 플랫폼은 이런 문제를 긍정적이고 효과적으로 해결할 수 있는 플랫폼이며, 게다가 글로벌 시장을 포괄하는 넓이를 가진다. 중소기업과 개인에게 종전에 없던 매우 유용한 기회를 제공하는 것이다. 그렇기 때문에 검증되고 강력하며 광범위한 플랫폼과 이 플랫폼을 항해할 수 있도록 제공되는 글로벌 3사의 운영체제 소프트웨어에 대한 좀 더 전향적인 태도가 요청된다. 글로벌 플랫폼에서 국경은 별다른 의미가 없다. 이런 관점에서 글로벌 3사의 생태계가 우리나라 산업에 더욱 안착화 할 수 있도록 적극적으로 보장하는 것이 더 바람직하다고 본다.

페이스북과 트위터는 소셜네트워크의 가장 대중적인 플랫폼이다. 벌써 소셜네트워크 분야에서는 우리나라의 가장 강력한 플랫폼이 됐다. 이 플랫폼이 국산이 아니라 외산이라고 해서 비난하지 않는다. 시대의 변화는 소프트웨어 산업에서 국적을 지워나갔다. 비단 구글의 플랫폼, 애플의 플랫폼, 마이크로소프트의 플랫폼에 대한 보다 전면적인 개방뿐만 아니라, 아마존의 플랫폼이나 다양한 콘텐츠가 글로벌 사회로 자유롭게 출입할 수 있는 대부분의 플랫폼에 대해서 전향적인 태도가 요청된다.

물론 애플, 구글, 마이크로소프트의 지위가 마치 국가보다 더 강해지고, 이들의 생태계에서 정한 회사 규칙이 법규보다 더 강력해질 수 있다는 위험이 있다. 당연한 우려다. 그러나 그것 때문에 생태계 개방을 늦춰서는 안 된다. 그와 같은 우려는 단일 정부 차원의 문제가 아니라 글로벌 문제이기 때문이다. 기업 간 독점문제가 심각해질수록 마치 기후변화와 같이 국가 간 의제로 설정될 것이다. 또 그래야만 한다. 그렇기 때문에 반독점법이 존재한다.

자사의 소프트웨어의 사용에 관해 폐쇄적인 정책을 펴고 있는 애플의 경우를 예로 들자면, 만약 애플의 시장지배력이 시장의 독점적인 지위까지 올라가면 반독점법의 견제를 받게 되고, 그 범위 내에서 폐쇄성은 약화되기 마련이다. 자본에 대한 정치적 견제인 것이다. 예컨대 표준특허권자에 대한 유럽연합 집행위원회의 조사작업도 마찬가지 맥락이다. 게다가 시민단체의 역할이기도 하다. 한편으로는 이들의 생태계가 국내에서 잘 굴러가도록 환경을 조성함으로써(특혜와 배려가 아닌 기술과 법제 환경의 변화), 중소기업과 개인의 창의적인 에너지가 배출되는 새로운 활로를 개척하는 계기로 삼을 수 있다.

제조사 중심에서 소비자 중심으로

이 글로벌 특허전쟁의 배경과 과정은 제조자 중심에서 소비자 중심으로 시대의 패러다임 변화를 상징한다. 삼성전자나 모토로라 등의 제조사가 전자를 표상했다면 애플과 구글은 후자를 표상한다. 애플과 구글은 소비자 중심의 패러다임을 저마다의 방식으로 구현했다. 물론 애플은 제조사다. 그러나 애플이 새로운 혁신을 이끌고 새로운 시장을 개척한 것은 제조사의 관점이 아닌 소비자의 관점으로 제품을 내보냈기 때문이다. 이전에는 느낄 수 없었던 쇼크에 가까운 만족과 경험을 소비자에게 선사했기 때문이다. 구글은 제조사가 아니다. 그들은 오랫동안 웹 세계에서 가장 끝단의 소비자들의 만족을 위해 봉사해왔다. 이런 애플과 구글 사이에서, 새로운 시장을 놓고서 제조사들이 애플과 경쟁하기 위해서 구글진영에 합류하게 되면서 이 특허전쟁이 발발했다는 점을 간과해서는 안 된다.

애플이 스마트폰 시장을 새롭게 열어젖히자 많은 제조사들은 이것을 더 좋은 성능의 하드웨어 사양으로 맞서고자 했다. 하지만 애플의 진정한 경쟁력은 그것에 있지 않았다. 어떤 제조사는 애플의 경쟁력이 예쁜 외관 디자인에 있다고 생각하고 외관 디자인을 수려하게 함으로써 애플의 제품과 맞서려고 했다. 하지만 역시 디자인 자체가 애플의 경쟁력이 아니다. 애플의 경쟁력은 좋은 성능의 하드웨어 사양이 아니며 엔지니어링 이후에 정해지는 외관 디자인이 아니었다. 그것은 사용자의 경험과 즐거움을 극대화하기 위한 엔지니어링 이전의 디자인 사고였다. 제조사들이 몇 년의 시간을 보낸 후 애플과 진정으로 맞설 수 있게 된 것은 구글의 도움을 받은 다음이었다.

혹독한 글로벌 경제 위기 속에서도 애플은 그야말로 눈부신 발전을 거듭했다. 그들은 기계를 파는 것이 아니라 소프트웨어 생태계를 팔았다. 전화기를 판 게 아니라 새로운 경험과 새로운 만족감을 팔았다. 그들은 시장을 혁신했다. 애플이 선택한 길을 함께 가려는—구글의 지원을 받아— 삼성전자나 HTC의 성장도 눈부시다. 반면에 이러한 시대적인 변화에 신속히 따라오지 못하고 소비자 경험보다는 제조사의 기술과 스펙을 경쟁력으로 삼으려는 기업들은 고전을 면치 못한다. 사용자 환경, 콘텐츠, 디자인 같은 것들이 기기와 부품 자체의 성능 같은 것들보다 우선시 된다. 좀 더 좋은 부품보다는 좀 더 나은 사용자 환경이 더 중요해졌다. 소비자들은 그들의 경험과 즐거움을 위해서 돈을 좀 더 쓸 준비를 한다. 그들의 경험과 즐거움은 하드웨어 사양에 의해서 정해지기도 하지만 거대한 생태계에서 흘러나오는 재미와 유용성에서 비롯되기도 한다.

이런 시대적인 변화는 누구의 관점에서 보느냐에 따라 매우 긍정적일 수 있고 또 비관적일 수도 있다. 비즈니스 세계의 힘의 역학관계에 있어 혁신적 변화를 낳기 때문이다. 제조사 중심의 시스템에서는 결국 대기업 중심의 산업이 육성될 수밖에 없다. 더 많은 자원을 투자해 제조 공정을 혁신할 수 있으며 막대한 R&D 비용을 투자해 더 좋은 성능의 기술을 구현할 수 있고, 또한 규모의 경제를 통해서 제품단가를 낮춤으로써 가격경쟁력도 확보할 수 있다. 중소기업은 이런 대기업과 정면으로 경쟁하기 어렵고 점차 하청기업으로 전락한다. 하청기업으로 전락할수록 대기업에 종속되고, 대기업의 납품단가에 관한 요구에 대해 능동적으로 대처할 수 없게 된다. 제조사 중심의 패러다임의 한 단편이며 힘의 역학관계다.

그러나 소비자 중심의 시대는 중소기업에게 더 많은 기회를 제공한다. 제품 자체의 성능보다는 이 제품이 사용자에게 어떤 만족과 즐거움과 경험을 주느냐가 관건이 됨에 따라, 중소기업이 경쟁력을 갖고자 분투함에 있어 종전보다 넓은 활동반경을 제공한다. 기술의 발전과 치열한 경쟁 속에서 오늘날 경쟁기업 간의 기술격차가 크지 않다고 할 때, 결국 남는 것은 브랜드와 가격경쟁력인데 이 부분에 대해서는 중소기업이나 후발주자들이 어려움을 겪게 된다. 그리고 거래처의 납품단가 공세에 능동적으로 대응하기 어렵게 만든다. 하지만 종전에 경쟁자가 생각하지 못했던 사용자 경험과 색다른 즐거움을 구현하는 기술이라면 과거와 달리 그런 장점을 설득하기도 좋고, 그렇기 때문에 조금이나마 가격경쟁의 긴장에서 여유를 가질 수 있다. 비슷비슷한 제품이라면 소비자들도 당연히 브랜드와 가격을 따지게 되지만, 즐거운 경험을 준다면 다소 높은 가격을 주더라도 구매하려는 심리다.

이런 '당연한' 심리가 왜 과거보다 지금 더 강조되는가? 여기에 바로 이른바 '애플쇼크'가 작동하고 있다. 아이폰이 등장하기 전까지 소비자들은 특별한 인식없이 과거의 휴대폰을 사용해 왔다. 더 좋은 카메라 기능, 더 예쁜 디자인, 더 좋은 통화품질로 서로 경쟁하고 있었다. 그러나 아이폰이 등장하자마자 휴대전화는 카메라 기능이 아니라 카메라였으며, 그냥 휴대전화도 카메라도 아닌 컴퓨터였다는 사실을 소비자는 경험했다. 소비자들은 제조사의 종전 기기와 이동통신사의 기존 서비스에 배신감을 표현했다.

소비자들은 경험하자마자 열광했다. 아이폰을 경험하지 못한 소비자들은 이와 유사한 안드로이드폰을 경험하면서 열광하게 된다. 더욱이 이 즈음 보편화되기 시작한 SNS를 통해서 소비자들은 제품과 서비스에 대한 정보와 지식을 종전의 소비자들보다 훨씬 정확하고 훨씬 신속하게 공유함으로써 전통적인 제조사의 가치는 덜 존중받게 됐다. 소비자들은 자신들의 경험과 즐거움을 위해 기업에게 더 큰 상상력과 창의성을 요구했다. 상상력과 창의성에 목마른 시대가 됐다. 그러나 무릇 창의성과 상상력은 거대하고 수직적인 조직과는 잘 어울리지 않는 속성이 있으므로, 바로 여기에 전통적인 대기업의 고민이 있는 것이다.

두 가지 해결 방법이 있다. 첫 번째로는 대기업 특유의 생산능력과 분석능력을 이용하여 시장을 주도하는 혁신기업의 서비스와 제품을 빠르게 뒤쫓는 방법을 생각할 수 있다. 자원을 극대화한다는 점에서 이 전략이 나쁘다고 단정지을 수는 없겠다. 하지만 모방제품 혹은 모방기업이라는 이미지가 누적되기 때문에 늘 쓸 수 있는 방법은 아니다. 두 번째 방법으로는 외부에서 창의성과 상상력을 수혈받는 것이다. 수많은 중소기업과 벤처기업의 자원을 적극적으로 활용할 수 있다. 중소기업과 개인의 창의성을 지원하고 그 성과를 활용하는 일종의 생태계를 만드는 것이다. 이를 위해서는 대기업이 '슈퍼갑'인 종전의 갑을관계가 완전히 청산돼야 한다. 시장에서의 조직 대 조직 간의 관료주의가 청산돼야 한다. 그렇게 할 수 없다면 외부의 창의성은 오히려 경쟁자의 것이 될 터이다.

그런 점에서 우리 중소기업의 역할이 매우 중요하고, 중소기업을 바라보는 대기업의 전향된 시선이 극히 중요하다. 물론 중소기업에도 과제가 있다. 창의성과 상상력을 경쟁력으로 삼을 수 있는 조직과 문화가 전제되어야 한다.

기술과 예술의 융합

글로벌 특허전쟁은 기술에서 예술로, 좀 더 정확하게는 기술과 예술이 융합하는 시대로의 전이를 상징하기도 한다. 마르틴 하이데거는 기술과 예술은 본질이 같다고 했다. 그것은 '안에 있는 것을 밖으로 꺼내어 놓음Poiesis'이라는 것이다. 그러나 산업화되는 과정에서 기술은 예술과 분리되어 산업의 중심이 되었고 예술은 변

방으로 물러났다.[1]

기술중심주의가 한계에 봉착했다고 단언하기는 어렵더라도, 경쟁이 더욱 치열해지고 기술에 대한 지식과 노하우가 빠르게 확산되자 기업 간의 기술 격차가 크지 않게 되었다. 기술기업들은 기술혁신이라는 닦달 시스템에서 벗어날 수 없으며, 긴장감을 놓을 수가 없다. 이것은 점점 더 낮은 수익률로 기울어지게 하는 요인이다. 기술이란 언제나 스스로를 부정할 수밖에 없고 더 좋은 기술이 나오면 자기 자리를 양보할 수밖에 없는 숙명을 갖고 있다. 우수한 기술을 자랑하던 일본기업은 모바일 산업에서 그 존재감을 잃고 말았다. 우리나라 기업도 중국에 자리를 빼앗길 수도 있는 노릇이다. 삼성전자는 2011년 드디어 애플을 제치고 스마트폰 시장에서 1위 기업이 됐다. 그러나 삼성전자의 수익률은 애플의 절반도 되지 못한다. 그 이유는 대체 무엇인가? 우리는 어렵지 않게 기술을 하는 기업과 예술을 하는 기업의 차이점을 발견할 수 있다. 삼성전자는 세계 최고의 기술을 가졌다고 자부하는 반면에 애플은 스스로를 예술가라고 생각한다.

기술과 예술의 융합을 이야기할 때, 엔지니어나 경영자들은 제품의 멋진 심미적 디자인을 생각할 수 있다. 오해다. 그런 태도는 예전에도 있었고 새로울 게 없는 생각이며, 예술을 도구적으로밖에 이해하지 못하는 태도다. 예술을 도구적으로 이해하면 가장 우수한 도구인 기술에 종속될 수밖에 없고 그것은 곧 과거의 태도로부터 한걸음도 앞으로 나가지 못한 것과 같다.

예술은 인간의 창의적인 활동의 소산이며, 이는 곧 '인간에 대한 시선'을 전제로 한다. 회사에서 일하는 사람들의 창의성과 상상력을 극대화 할 수 있는 지점이 바로 예술과 기술이 만나는 지점이라고 할 수 있다. 그런데 이는 조직적으로 어떤 팀Team을 구성해서 소통시킬 것의 문제라기보다는 한 사람 한 사람 개인의 창의성과 상상력을 어떻게 발현시킬까의 문제여서 집단이 아닌 개인을 바라보게 한다. 상당 부분 개인의 억제되지 않는, 자유로운 상상력과 제안이 전제돼야 한다. 한편, 소비자가 어떤 제품이나 서비스를 받고 예술적인 감성을 느끼기 위해서는, 먼저 제조사의 관련 담당자들이 스스로 예술적인 감성을 느껴야 한다. 왜냐하면 예술가의 자기 만족도는 엔지니어보다 훨씬 높은 지점에 있어야 하기 때문이다. 결국 사람의 문제다.

예술과 관련돼서 미묘함과 융통성은 자주 충돌한다. 첫째 예술은 미묘함에 시선을 둔다. 예술적 심성은 제품을 만들거나 서비스를 기획할 때 아주 사소한 부분까지 의견을 개진하고 완벽을 추구한다. 엔지니어 심성으로 보자면 이 정도면 기능적으로 훌륭하다고 말할 때, 예술적 심성은 불충분하고 거슬린다고 말한다. 엔지니어들은 언제든지 힘들거나 불가능하다고 말할 준비가 돼 있다. 그러나 예술적 심성은 불가능한 것을 꿈꾸고 기획한다. 예술적 심성은 제품과 서비스의 완성도를 추구하지만 비즈니스에서의 융통성과 충돌할 수 있다. 회사는 적시에 제품을 출시해야 하며, 원가와 수익을 동시에 고려해야 한다. 따라서 비즈니스에서 예술적 심성이 항상 옳다고 말하기는 힘들다. 하지만 틀렸다고 단정짓기도 어려운 문제다. 이 문제를 해결하기 위해서는 결국 '소통'의 문제가 매우 중요하게 된다. 소통이 적절하게 이뤄지기 위해서는 의사결정권자의 예술을 바라보는 시선이 중요하다. 예술을 바라보는 시선과 태도라고 해서 굉장히 어려운 문제는 아니다. 의사결정 단계에서 예술적 심성이 개입하게 하면 자연스럽게 해결될 것이다. 왜냐하면 기업의 모든 활동은 결국 비즈니스이며, 예술적 심성이 그런 대전제를 무시할 리가 없기 때문이다.

예컨대 디자인(기술과 관련해서 산업디자인은 비즈니스에 기여하는 대표적인 '예술'의 한 영역이다)에 대해서 말하자면 의사결정단계의 어느 지점에서 발현돼야 하는지 따져볼 필요가 있다. 기업은 엔지니어링 이후의 심미적인 디자인을 생각한다. 그러나 그것은 기업의 혁신과는 아무런 관련이 없다. 외주 디자이너에게 맡길 수 있는 문제이며, 돈으로 해결하는 문제이고, 운 좋으면 크게 성공하고 그렇지 못하면 실패하는, 단지 그런 수준에 불과한 것이어서 지속가능한 해결책이 아니다.

그보다는 엔지니어링 이후의 심미적인 디자인에서 '전략적인 디지인'으로 더 확장되어야 한다. 만일 심미적 디자인에서 멈춘다면 사물에 형태를 제공하는 것 이외에는 더 나을 것이 없다. 더 능

력있는 디자이너를 고용하거나 더 뛰어난 디자인 기업에 외주를
줘서 해결하는 것 이외에 진전이 없는 생각이다. 우리가 이 시대
를 비평함에 있어서 기술과 예술의 융합을 말할 때에는 인간의 창
의적인 활동이 기술을 이끌고 산업을 이끄는 시대를 말한다. 그런
의미에서 의사결정 단계에 개입하는 디자인 사고는 매우 유의미
하다. 디자인이 기술을 앞서게 하는 것이다.[2]

이렇게 기술과 예술의 융합을 말해놓고 보면, 거대하고 방대한
조직을 갖고 있는 대기업, 게다가 관료적이며 수직적 명령체계를
갖고 있는 대기업의 경우에 시대의 변화를 선도하기 매우 어렵다
는 것을 발견할 수 있다. 그들이 할 수 있는 바람직한 방법은 막대
한 사내 자원을 극대화해서 신속대응체계를 구축하고, 부족한 창
의성과 상상력을 외부로부터 공급받는 일이다. 따라서 대기업은
앞서 지적한 것처럼 종래의 갑을 관계를 청산하고 창의성 높은 중
소기업을 발굴하여 광범위한 협조체계를 구축하는 것이 요청된
다. 유연하고 자유로우며 배려하는 문화가 필요하다. 수직적인 군
대식 관료 문화는 '빠르게 뒤좇는 자(모방자)'에게는 유용하지만
시대를 앞서서 '혁신하는 자'에게는 덫이다. 확연히 구시대의 잔
재다.

한편 시대의 변화는 비교적 작은 조직인 중소기업에게는 상대
적으로 유리한 환경을 조성해 준다. 좀 더 신속하게 시대 변화에
맞춰 사내 조직을 개편할 수 있기 때문이며, 따라서 창의적 자원

을 중심으로 회사를 스마트하게 바꾸는 것이 더 용이한 까닭이다. 하지만 중소기업조차 관료화된 조직기구로 운영된다면 더욱 어려워질 것이다. 기술과 예술의 융합은 사람의 문제요, 인간에 대한 시선의 문제다.

인문학적 통찰과 협업

세상의 변화는 매우 극심하고 불안정하며 시장은 급류처럼 흘러간다. 2008년 리먼브라더스 사태 이후의 글로벌 금융위기는 아직도 안정되지 않았으며 지속적으로 실물경제를 괴롭히고 있다. 유럽의 재정위기는 여전히 꺼지지 않는 불씨다. 20세기는 전쟁의 참혹함과 잔인함으로 인류를 위기에 몰아넣었다. 이를 극복한 인류에게 지구는 또 다른 시련 어린 질문을 던진다. 우리 인류는 특히 에너지 문제와 환경문제에 대한 질문에 대해 시급하게 답해야 한다. 하지만 그것만 있는 게 아니다. 복잡 다단한 금융의 문제, 격차의 문제, 산업사회에서의 소외의 문제, 탐욕과 갈증과 위화감 등의 인간 정체성의 문제, 교육의 문제 등 모든 문제들이 복잡하게 얽혀 있다. 이런 문제점들은 미래에 대한 불확실성을 키운다.

우리는 이와 같이 아주 복잡하게 얽혀 있는, 우리가 사는 지구에서 오늘도 편단하며 행동한다. 아무리 불황기라고 하더라도 시장에서 기업은 새로운 '제품'을 기획해야 하고 '판매'해야 한다. 르네상스 시대의 선각자들은 중세의 혼돈과 암흑으로부터 새로운 활기와 답변을 찾기 위해 거의 1500~2000년 전 과거로 되돌아갔다. 과거에서 답을 찾는 행위는 현세의 인류의 힘으로 안 되는 것을 과거와 현세의 인류가 힘을 모아 해결한다는 의미다. 바로 인문학이다. 인문학적인 통찰을 통해서 불확실하고 불안정한 세계에서의 비즈니스를 구원하려는 노력이다. 새로운 르네상스는 전문화와 분업화 일로에 있던 세계를 다시 통섭, 통찰, 융합, 협업의 시스템으로 통합하려는 것이며, 이는 바로 목전에 있다.

앞서 말한 것처럼, 하드웨어에서 소프트웨어로, 제조사에서 소비자로, 기술에서 예술로 새로운 패러다임의 변화는 비즈니스 자체를 파편화시킬 수 있다. 그렇기 때문에 시야를 확보하는 게 중요하다. 한편 소프트웨어, 소비자, 예술 이 세 가지의 공통적인 특징은 인간에 대한 시선과 질문이다. 그런데 이것이야말로 오래된 인문학의 과업인 까닭에 인문학을 통해서 세계를 바라보는 시야를 확보할 수 있는 무기를 찾게 된다.

시야를 더 넓게 확보해야 한다. 전문서적을 들추는 것만으로는 세계사와 인간 행동의 행간의 의미가 제대로 파악될 수 없다. 혁신을 '기술혁신'이라는 담론으로 가두면 실무적으로는 단위 기업 조직만을 들여다 보게 되고 해당 기술분야만을 각종 그래프로 표현하는 일에만 몰두하기 십상이다. 세계는 더욱 복잡해지고 비즈니스는 넓어졌다. 그런데 이런 대목에서 비좁은 데이터에만 연연하는 것은 현자의 몫이 아니다. 다양한 인간에 관한 학문을 비즈니스에 통섭할 수 있다. 그런 학문을 이용해서 당장 이윤을 창출하자는 게 아니다. 그런 학문을 이용해서 회사의 인적 자원의 시야를 넓히도록 하자는 것이다. 이를 통해서 세상의 변화를 제대로 파악함으로써 비즈니스가 엉뚱한 곳에서 헤매지 않게 하고 미래를 예측하고 상상력에 방향성을 부여할 수 있다. 예컨대 심리학과 문화인류학은 경영혁신의 요소로 포섭할 수 있다.

인터넷과 모바일이 만나고 SNS의 영향력이 더욱 강해짐에 따라서 소비자들의 지식 수준은 이전과 달리 비약적으로 신속하고 정확해졌다. 이미 기술에 대한 정보는 일부 전문가에 의해 독점될 수 있는 영역이 아니다. 생산자의 의도된 기획에 의해 소비자가 행동함으로써 시장이 만들어지는 세상이 더 이상 아니다. 비즈니스 세계는 교과서를 벗어나고 있다. 소비자의 개인적 혹은 사회적 요구에 맞게 생산자가 행동하는 세계로의 전이는 전혀 이상한 일이 아니다. 국가적 혹은 글로벌 관점에서 제기되는 기업의 사회적 역할과 책무의 강조도 경영혁신의 요소로 점검될 수 있는 상황이기도 하다.

또한 이 통섭의 시대에서는, 특히 '디자인'과 '수사학'이 대표적으로 비즈니스와 통섭될 수 있다.[3] '디자인'은 광범위한 리서치와 관습에 얽매이지 않는 태도를 통해 기술에 방향성을 제공한다는 점에서, '수사학'은 마케팅에서든 권리화에서든 기술을 더욱 설득력 있고 강하게 만든다는 점에서 주목할만하다.

비즈니스에서의 협업은, 기업의 혁신과 산업의 증진을 생각할 때, 기업내부의 자원 간의 협업, 기업내부의 자원과 기업 외부의 자원(그 기업과 특수관계에 있는 전문가들은 독립된 외부 자원으로 보기는 어렵다)과의 협업, 또한, 이종의 전문가와 협업을 함으로써 새로운 결과물을 얻을 수가 있다. 물론 이것은 우리나라에서는 새로운 사업이다. 이를테면 문화인류학자, 심리학자, 언어학자, 디자이너, 작가 등과 공동으로 협업하여 시장과 기업 내부의 문제를 진단하고 혁신의 과제를 설정할 수 있다. 또한 대학의 인문학적인 자원을 이용한 새로운 산학협력관계 구축도 생각해 볼 수 있다(이제까지 대부분의 대학과 기업의 산학협력은 대학의 과학기술자원을 통해서 협업하는 것이었다). 또한, 기업의 지적재산이나 기술혁신을 주업무로 삼는 국가기관 혹은 공공단체는 예컨대 '한국 노동연구원'과 같은 다른 공적 연구단체와 협업하여 기업 내부의 인적자원들의 실태, 특히 각 분야의 개발자나 연구원들의 근로활동에 대한 학문적인 리서치 작업을 해봄직하다. 당면한 미래는 결국 '사람'이기 때문이다.

개인의 창의성이 글로벌화 되는 세상

수 세기 동안 이루어진 산업기술의 발전은 자원을 공장 시스템으로 집약한 것이었다. 제조사들은 공장의 효율성과 생산성을 기초로 산업을 견인했다. 그 결과 사회의 창의적인 자원들은 공장에 집중됐으며 규모의 경제가 추구됐고 가내수공업은 몰락했다. 생산자와 소비자는 완벽히 분리됐다. 소비자는 광고의 대상이었으며 그저 수동적인 위치로 제품을 소비했을 뿐이었다. 인터넷의 등장은 소비자가 좀 더 능동적으로 정보를 수집하는 데 큰 기여를 했고, 몇몇 인터넷 기업이 등장하기는 했지만 소비자 스스로 창의적인 주체가 되기까지 적지 않은 시간이 소요됐다.

애플의 등장과 이에 맞선 구글의 전략은 완전히 새로운 시대를 호명했다. 이들은 하나의 생태계를 만들었고 이 생태계에서 소프트웨어 기업과 콘텐츠 기업들이 생육할 수 있고 그들의 창의성 Creativity이 옷을 입고 세계 곳곳을 누빌 수 있는 환경을 만들었다. 이들의 플랫폼은 인터넷 세계를 더욱 확장했다. 사람들이 손아귀로 잡은 것은 제품이 아니라 넓디넓은 세상이었다. 각종 닷컴기업과 유통회사와 오픈마켓조차 이 광대한 스마트 환경으로 속속 들어왔다. 먼저 각종 기업들이 자신의 창의성을 이 생태계에서 발현하기 위해 힘쓰고 있지만 그 다음으로는 기업보다 더 많은 수의 개인의 창의성이 시더린다.

글로벌 기업들의 플랫폼이 구축하는 생태계는 완전히 몰락한 것처럼 보였던 가내수공업을 다시 불러냈다. 바야흐로 가내수공업의 귀환이다. 이 시대는 개인의 창의성과 상상력을 자극하고, 개인이 생산주체로 나설 것을 요구한다. 구글은 파편화된 개인이 더욱 용이하게 협업할 수 있는 도구를 제공했다. 협업은 개방을 추구하는 구글의 전략이다. 반면에 애플은 새로운 대규모 플랫폼을 제안했는데, 이 플랫폼은 콘텐츠 생산자와 소비자 사이의 간극을 없애버렸다. 개인과 소기업의 창의적인 자원은 깨알 같은 것이고 무시될 만하지만 이것이 모이면 거대한 대륙이 될 수 있음을 입증했다. 물론 개인의 창의성이 우수한 콘텐츠를 만들고 돈이 되는 비즈니스가 될 것인지, 그 여부를 입증하기까지는 시간이 필요하다. 하지만 적어도 개인의 창의성이 세계를 바꿀 수 있음이 입증되기 시작했다. 종전의 세계에서는 상상할 수조차 없던 일이 일어난다.

방송은 아무나 하는 것이 아니었다. 대규모 장비와 시설투자가 필요하며 전문 인력이 요청된다. 게다가 복잡하고 엄격한 법규를 준수해야만 한다. 개인이 어떻게 해 볼 수 있는 일이 아니었다. 인터넷 방송이 있기는 하지만 시청자가 채널을 찾아야 하고 수신자의 컴퓨팅 환경에 대한 제약이라든지 번거로움이 있었다. 애플은 '팟캐스트'라는 새로운 개념의 방송을 제안했다. 휴대폰 화면을 손가락으로 몇 번 터치하는 것만으로 방송파일을 열 수 있다. '나는 꼼수다'가 그 대표적인 예다. 개인이 특별한 제약 없이 방송 콘텐츠를 만들 수 있게 된 것이다. 방송분야의 가내수공업의 귀환이다. 팟캐스트는 파일을 만들어서 애플의 아이튠스 플랫폼에 올리면 되기 때문에 간단하고, 이 플랫폼은 매우 광범위하게 사용되기 때문에 인터넷방송보다 훨씬 강력한 파급력을 갖는다.

글로벌 기업의 플랫폼을 개인이 자유롭게—플랫폼이 정한 규범 하에서— 활용할 수 있게 됨으로써, 플랫폼은 각 개인이 이용하는 매체가 된다. 종전에는 개인이 쉽게 이용하면서도 파급력이 높은 매체를 찾기 어려웠다. 매체와 개인 간의 문턱이 매우 높았다. 이 문턱이 낮아짐으로써 우선 개인의 크리에이티비티가 정치적이든 문화적이든 사회에 큰 영향력을 발휘할 수 있게 됐다. 개인이 경제적인 이익을 볼 수 있는지 여부가 주된 관심사가 되기도 하지만, 개인의 창의성을 발현하는 욕구는 경제적일 수도 있고, 그렇지 않을 수도 있는 것이다. 창의성을 발현하는 것만으로도 인간은 충분히 만족할 수 있다. 문제는 수많은 개인의 창의성이 발현될수록 플랫폼은 경제적 가치를 지닌다는 점이다. 바로 여기에 애플과 구글의 진정한 경쟁력이 있다. 개인의 창의성이 글로벌 플랫폼에 올라탄다. 개인의 창의성이 글로벌화 된다.

그러나 글로벌 플랫폼을 이용하는 개인의 창의성과 관련해 머지 않아 경제적인 욕구조차 실현될 것으로 보인다. 예컨대 전자책 혹은 교재의 출판 분야에서 그 가능성의 지평은 넓다. 이를테면 애플의 '아이북 오써iBook Author'-'아이튠스'-'아이북스iBooks'로 이어지는 흥미로운 생태계는 개인의 창의성이 발현될 수 있는 매우 좋은 길을 시사한다. 아이맥이나 맥북에서 '아이북 오써'라는 무료 프로그램을 이용해서 텍스트를 작성하고 영상을 넣어서 출판 버튼을 누르면 아이튠스에 올라가게 된다. 어쨌든 쉽고 무료다. 수익 중 일부를 애플의 플랫폼 사용 대가로 지급하면 누구나 집에서 출판할 수 있다. 반드시 판매해야 하는 것은 아니다. 무료로 배포할 수도 있다. 물론 아이패드가 있어야 하는 제약이 있지만 전자책, 강의자료, 교재, 논문 등을 아이튠스에 올리고 그것을 누구나 무료 혹은 저렴한 가격을 구매할 수 있는 플랫폼이다. 이 플랫폼은 개인의 무수한 창의적인 자원을 흡수한다. 개인의 창의성은 유통하거나 중개하는 수단이 없이는 발현되기 어렵다. 그런데 그런 수단을 갖추거나 이용하는 것은 그동안 매우 어려웠다. 하지만 애플의 이와 같은 플랫폼은 누구나 사용할 수 있는 유통망을 제공하는 것이다. 전자출판에 관한 일종의 가내수공업이다(물론 콘텐츠의 질은 좋을 수도 있고 나쁠 수도 있으며, 이 때문에 전문 전자출판회사가 경쟁력을 잃지는 않을 것이다).

또한 개인이나 작은 규모의 회사는 어렵지 않게 애플리케이션 소프트웨어를 만들어서 제작한 콘텐츠를 애플이나 구글의 앱스토어를 통해 전세계의 개인에게 배급할 수 있게 됐다. 애플이나 구글의 플랫폼을 이용하면 수천만 명, 수천억 명의 소비자들을 상대로 매우 용이하게 영업을 할 수 있다. 이 또한 콘텐츠 가내 수공업이라고 칭할 만하다(대기업도 애플이나 구글의 플랫폼을 이용하기 때문에 가내 수공업이라고 표현했다고 해서 대기업을 배제하는 것은 아니다).

전통적으로 가내수공업은 대기업과 경쟁할 수는 없다. 규모의 경제가 안 되기 때문이다. 그러나 콘텐츠를 만들고 파는 것이라면 이제 달라졌다. 애플과 구글의 플랫폼을 이용하면 심지어 개인조차도 대규모 소비자를 이미 확보한 셈이다. 적어도 그들의 플랫폼을 이용함에 있어 대기업과 중소기업과 개인의 차별점은 없다. 창의성을 결과물로 발현하고 유통되게 한다는 점에서는 공평하다. 그러므로 개인의 창의성이 더욱 발휘될 수 있는 토대 위에 서게 된다. 개인이 그들의 창의성을 이용해서 세상을 바꿀 수도 있다. 이러한 가내수공업의 귀환을 가능하게 한 애플과 구글의 오늘날의 글로벌 특허전쟁의 두 축이 되고 있다. 다시 말하면 글로벌 특허전쟁의 배경에는 이러한 시대의 변화가 있으므로, 특허소송만을 볼 것이 아니라 시대의 변화를 함께 보는 시선이 필요하다.

오늘날 콘텐츠 산업에 있어 가내수공업의 귀환은 환영할 만하다. 모든 분야에서 우리나라가 최고의 경쟁력을 가질 수는 없다. 이론에서만 가능한 이야기다. 우리나라 산업이 운영체제 소프트웨어와 글로벌 플랫폼 분야에서는 이미 경쟁력을 상실한 것이 사실이다. 즉 그것은 이미 애플, 구글, 마이크로소프트의 천하삼분지계로 넘어갔다. 그리나 그렇다고 해서 그들이 바로 우리 산업의 적은 아니다. 또한 우리나라 산업이 위기로 몰릴 일도 없다.

　세계 곳곳에서 발현되는 개인의 창의성을 무기로 삼고 있는 애플과 구글 중, 애플을 적으로 삼고 구글을 우군으로 삼은 삼성전자가, 일련의 하드웨어(스마트폰, 태블릿PC, 컴퓨터, 스마트TV) 제품을 판매하는 경쟁에서 애플과 격렬한 경쟁을 하고 있을 뿐이다. 소프트웨어와 플랫폼 부문에서는 사실 삼성전자는 애플의 경쟁자가 아니다. 구글이 애플의 경쟁자일 뿐이다. 하드웨어의 판매 경쟁에서 크게 밀리면 삼성전자의 위기가 될 수 있을지언정 그렇다고 해도 우리나라 산업의 위기는 아니다. 오히려 대다수의 기업과 개인은 구글(삼성전자의 우군)과 애플(삼성전자의 경쟁자)의 플랫폼을 이용하면서 기업은 새로운 활력을 찾고 개인은 즐거움을 누린다. 삼성전자도 구글의 플랫폼을 이용하면서 새로운 활력을 찾는 기업 중의 하나이다. 또한 삼성전자도 그 플랫폼을 활용하는 수많은 기업들의 활력과 개인의 즐거움을 이용해 애플과 경쟁하는 것이다.

　하드웨어 판매에서 애플은 삼성전자의 적이 될 수 있을지언정 그들의 플랫폼은 우리나라 국민인 개인의 창의성을 더욱 높이는 환경을 제공하기 때문에, 우리 산업전반의 관점에서 고려해 볼 때 애플의 플랫폼에 대해서 좀 더 적극적으로 문호를 개방하여 미국이나 유럽 수준으로 맞춰야 한다. 법규의 개정이 필요하다면 시급히 개정할 필요가 있다. 기술적인 제약이 있다면 그 제약이 누구를 위한 것인가를 숙고하면서 가능한 한 그 제약을 풀어야 한다.

그것이 바로 시대의 변화에 능동적으로 대처하는 자세다.

그런 자세가 오히려 우리나라가 갖고 있는 콘텐츠 산업의 경쟁력을 더욱 극대화시킬 수 있는 수단이 될 수 있다. 그리고 그것은 몇몇 기업들에 의해 산업이 좌우되는 것이 아니라, 수많은 개인과 작은 규모의 회사가 스스로 활력을 갖고 새로운 시장을 열 수 있는 계기가 될 수 있다. 애플과 구글의 플랫폼과 소프트웨어를 우리나라 기업들과 개인들이 다른 나라보다 더 잘 활용하고 향유할 수 있도록 더욱 적극적으로 노력해야 한다. 그들은 우리 산업의 적이 아니다.

특허전쟁이 우리나라 기업에게 주는 메시지

국가가 운용하는 어떤 정책은 중소기업에게 유리하고 또 어떤 정책은 대기업에게 유리하다. 경제적 이해관계는 매우 다양하고 복잡해서 모든 이에게 유리한 정책은 사실상 존재하지 않는다. 이것은 꼭 정책에만 국한된 일은 아니다. 경제적 상황도 마찬가지다. 대기업에게 유리한 상황이 있는가 하면 중소기업에게 유리한 상황도 엄연히 존재한다. 이게 바로 현실이다. 그렇기 때문에 무엇인가를 기획하고, 입안하고, 실행함에 있어서 그것이 '전체 산업의 발전에 이비지한다'라고 함부로 표현해서는 안 된다. 산업의 어느 분야에 혹은 산업의 어떤 주체의 발전을 이야기하는 것인지 따져볼 필요가 있다. 그랬을 때 선택의 문제가 남게 되는데 바로 여기에 가치관과 철학이 개입하게 된다. 어떤 이는 이 길로 가야 하는 게 전체 산업 발전에 도움이 된다는 것이고, 어떤 이는 저 길로 가야만 우리나라가 발전할 수 있다고 말한다. 어쨌든 간에 길을 선택했다면 그 길로 갔을 때 발생하는 단점이나 피해가 있을 수 있고, 그것을 잘 해결하기 위해서 국가와 사회 시스템이 있는 셈이다.

글로벌 특허전쟁을 우리가 바라봤을 때 중소기업의 시선이냐 대기업의 시선이냐에 따라서 보는 관점이 달라지며, 이 특허전쟁의 파급효과도 완전히 상이할 수 있다. 세상의 격변기와 대전환기에 무엇을 할 것인지에 대한 냉철한 모색도 대기업의 입장과 중소기업의 입장이 다르다. 이런 입장 차이를 고려하지 않고 단지 삼성전자가 우리나라 기업이므로 응원해야 한다거나 애플이 우리나라 기업과 경쟁하므로 견제해야 한다는 생각은 매우 위험하다. 실체가 없는 생각이며 현실을 제대로 들여다 보지 않기 때문이다.

애플의 아이폰이나 아이패드에 열광해서 일상의 즐거움을 찾는 국민이나, 애플의 기술 생태계를 통해서 다양한 팟캐스트를 듣고 열광하는 국민이나, 아이폰 혹은 아이패드용 애플리케이션 소프트웨어를 만들며 새로운 활력을 찾고 있는 소프트웨어 기업과 개발자들이나, 애플에 부품을 공급함으로써 생존하는 부품기업도 모두 우리 국민이다.

단적으로 표준특허 문제에서는 삼성전자와 우리 중소기업의 입장이 상반된다. 애플과 삼성전자의 특허전쟁에서 삼성전자는 표준특허로 애플을 공략했다. 표준특허는 삼성전자에게 유리하다고 여겨지는 특허무기다. 하지만 우리나라 대부분의 중소기업은 표준특허를 보유하지 못하기 때문에 이 부분에서는 사실상 애플과 입장이 같다. 즉, 글로벌 대기업이 자신의 표준특허를 무기로 삼아 후발주자를 향해 힘껏 휘두를 때, 그 무기에 찔리는 대상이 애플만이 아니라 미래의 우리 중소기업일 수 있다. 따라서 애플이 삼성전자나 모토로라와 같은 표준특허권자를 상대로 한 싸움에서 얻는 성과는, 앞으로 우리나라 중소기업들이 글로벌 기업으로 성장할 때 발생하는 특허문제에 도움이 될 수 있다.

한편 소프트웨어 분야의 기업들이야말로 삼성전자와 애플 사이의 특허전쟁의 가장 큰 피해자 중의 한 부류이다. 특허전쟁을 계기로 삼성전자는 최근 수천 명에 달하는 소프트웨어 인력을 흡수해 버렸다고 한다. 이 인력은 어디에서 나오는가? 먹이 피라미드처럼, 삼성전자가 국내 유수의 대기업과 중견기업에서 소프트웨어 인력을 흡수하면, 흡수당한 기업은 다시 그보다 작은 규모에서 인력을 흡수할 수밖에 없고, 이렇게 연쇄적인 인력 이동이 발생하게 된다. 그러면 소프트웨어 분야의 하층에 있는 중소기업은 극심한 인력 공동화 현상을 겪게 된다. 이것은 오히려 소프트웨어 분야 중소기업의 경쟁력을 약화시키고 산업 전반에서 시대의 변화에 뒤떨어지게 만드는 최악의 상황을 초래할 것이다. 하드웨어 중심에서 소프트웨어 중심의 시대로 바뀌는 이 변곡점에서 소프트웨어 인력 공동화 현상을 겪고 있는 것이다.

우리나라 중소기업은 일자리의 약 90%를 제공하고 있다. 중소기업이야말로 우리나라 산업의 중심에 서야 함은 틀림없는 사실이다. 중소기업은 대기업을 위해 존재하는 것이 아니라 바로 중소기업 자기 자신을 위해서 존재하는 것이다. 대기업이 발전하게 되는 배경에는 우수한 부품을 납품하고 참신한 콘텐트를 제공하는 수많은 중소기업의 창의적인 자원이 있었다. 이런 창의적인 자원이 지금보다 훨씬 많아지면 많아질수록 오히려 대기업에 이익이 된다.

삼성전자와 애플 사이의 특허전쟁은 2011년 매우 치열했다. 여전히 상당한 규모로 특허소송을 벌이고 있으며, 그 과정에서 삼성전자는 몇몇 나라에서 일부 제품을 판매하지 못하는 상황을 맞이하기도 했다. 하지만 비즈니스 현실은 어떤가? 애플에 대한 삼성전자의 부품공급은 여전히 잘 이뤄지고 있고, 특허분쟁에도 불구하고 오히려 삼성전자는 모바일 산업에서 기록적인 성장을 기록하고 있지 않은가. 이 특허전쟁 자체가 삼성전자를 당장 위기로 몰지는 않는다. 부담은 될지언정 위기는 아니다. 삼성전자의 이런 부담까지 걱정할 필요와 까닭은 없다. 만일 삼성전자가 어떤 경영

위기에 봉착한다면, 그것은 내부의 혁신 자원의 문제로부터 비롯되는 것이지 애플과의 특허소송 때문은 아니므로 특별히 걱정(특히 국민으로서의 근심)하지 않아도 된다. 누구의 탓도 아니다.

또한 글로벌 시장에서의 특허분쟁이 당장 중소기업을 위협하는 목전의 위험은 아니므로 분쟁 자체를 크게 걱정하지 않아도 된다. 기업이 성장하다 보면 성장통처럼 겪게 되는 것이 특허분쟁이다. 글로벌 기업들이 우리나라 중소기업을 일일이 찾아서 소송하는 경우는 극히 드물다. 애플만 하더라도 삼성전자, 모토로라, HTC와 분쟁하고 있지 모든 제조사를 상대로 싸우지는 않는다. 우리나라의 LG전자와 팬텍도 이 특허전쟁에 휩쓸리지 않았다(LG전자가 구글의 레퍼런스폰을 제조하거나 시장에서 의미 있는 존재로 다시 부각된다면 애플과의 소송을 피하기 어렵게 될 것이다). 대부분의 중소기업도 마찬가지다.

만일 글로벌 특허분쟁에 우리 중소기업이 휘말렸다면 그것은 곧 그 기업이 세계 시장에서 유의미한 존재로 평가되고 있는 것이므로 발전의 산물로 받아들이는 편이 낫다. 중요한 것은 그런 위험이 실제 닥쳤다고 해도 흔들리지 않고 의연하게 대응할 수 있는 능력이 필요하며, 이를 위해서 한편으로는 지식과 경험이 필요하지만 다른 한편으로는 충분한 이익과 현금 확보가 필수적이다. 모든 기업이 마찬가지지만, 결국 중소기업에 있어서 수익률이 매우 중요한 것은 두말할 것도 없고, 규모의 경제가 어렵기 때문에 장의성과 상상력에 기반한 경쟁력 확보가 중요해진다.

글로벌 특허전쟁을 통해서 우리 중소기업이 교훈으로 삼을 수 있는 것은 무엇인가? 그것은 바로 격변기의 시대변화를 들여다보는 혜안을 얻는 것이다. 누가 이기든 중소기업으로서는 특별히 피해도 없고 이익도 없다. 삼성전자와 애플도 스스로 위험을 분산시키면서 소송전을 진행할 것이다. 그러므로 눈에 보이는 승패보다는 시대가 어떻게 흘러가는지를 관조하면서 의욕을 찾는 일이다. 중소기업의 의욕이야말로 우리 산업발전의 뿌리다.

앞서 언급한 것처럼 이 시대의 변화는 우리 중소기업에게 종전보다 나은 환경을 암시한다. 적어도 종전의 수직적이고 관료화된 시스템이 종언을 고하고 있다는 사실은 분명해 보인다. 구시스템에서는 대기업이 우리 산업의 동력으로 간주됐으나 새로운 시스템에서는 중소기업이 우리 산업의 동력으로 여겨질 것이다. 물론 자연발생적으로 그렇게 되는 것은 아니라서 중소기업의 노력과 정부의 변화된 입장이 무엇보다 중요한 시점이라고 하겠다.

글로벌 특허전쟁은 대기업에게도 참 좋은 텍스트다. 시대의 변화를 바라봄에 있어 대기업과 중소기업의 눈이 다른 것은 아니다. 그러나 대기업은 중소기업과는 달리 해외 여러 나라에서 특허분쟁을 할 가능성이 높기 때문에 애플과 삼성전자 사이의 특허전쟁, 나아가 구글동맹과 반구글진영 사이의 글로벌 특허전쟁이 발발한 계기와 지금까지의 진행상황을 잘 들여다 보는 것은 상당한 도움이 될 것이다. 게다가 중소기업과는 달리 대기업은 내부에 특허전담조직이 있을 가능성이 크기 때문에 이들 인적자원의 통찰을 위해서도 작금의 특허전쟁은 매우 의미가 깊다. 특히 우리나라 대표적인 대기업인 삼성전자가 어떻게 소송을 수행해 왔으며 또 수행하고 있는지 그 추이를 분석하는 것도 상당히 유용하다. 어떤 부분은 귀감이 될 수 있을 것이다. 또 어떤 부분은 반면교사가 된다.

한편, 대기업은 인적자원과 보유 현금 등에서 중소기업보다 훨씬 우위를 가지며, 좀 더 다양하고 적극적인 경영전략을 실행할 수 있다. 하지만 지금 보유한 자원이 미래의 경쟁력을 좌우하는 것은 아니다. 아무리 대기업이라고 하더라도 혼자의 힘으로 미래를 열어젖힐 수는 없다. 경험적으로 볼 때 조직이 크고 경직될수록 그 규모에 비해 창의성은 현저히 떨어지기 때문이다.

우리나라 대기업의 대다수는 국가의 친절한 지원과 중소기업의 희생을 바탕으로 한 규모의 경제였다. 그리고 총수의 절대 지위를 정점으로 수직적인 소통을 강조한다. 창의성은 명령과 기획에 의해서 만들어지지 않기 때문에 수직적인 소통에서 비롯되는, 부족한 창의성을 외부로부터 공급받는 것은 매우 중요한 일이다. 그런 점에서 대기업의 경쟁력을 유지하기 위해서라도 중소기업으로부터 창의성을 공급받을 필요가 있다(중소기업의 창의성이 활기를 가지고 발육된다는 전제하에). 미래는 협업의 시대다. 어떻게 협업을 통해서 외부로부터 창의성을 수혈 받느냐가 관건이다. 즉 중소기업과 생태계를 공유하는 게 중요하다.

특허도 마찬가지다. 시장과 기술의 변화와 사업의 구조조정에 따라 상당수의 특허는 무용지물이 된다. 특허 또한 외부로부터 수혈 받을 수 있으며, 그것이야말로 대기업이 선택할 수 있는 유력한 방법이 되곤 한다. 글로벌 특허전쟁에서도 이점이 여실히 드러났다. 주지하다시피 글로벌 특허전쟁의 양대 축인 애플과 구글은 모두 모바일 산업의 전통적인 제조사보다 특허가 매우 취약하다. 그럼에도 불구하고 그들은 모바일 산업을 주도하고 있으며, 특허전쟁의 중심에서 있으면서도 비즈니스 영역을 더욱 확장하고 있다. 특허에 대한 교과서적인 지식과 태도로는 이해할 수 없는 현실이 여기 있다. 작금의 글로벌 특허전쟁은 우리나라 대기업에게 더할 나위 없이 좋은 텍스트다.

애플과 삼성전자의 특허전쟁이 발발하자 많은 전문가들은 삼성전자가 보유한 특허 개수가 애플보다 아주 많기 때문에 결국 삼성전자에게 유리할 것이라는 의견을 당당히 피력했다. 단견이다. 글로벌 기업의 특허소송은 특허의 개수로 유불리를 쉽게 판단할 수 없다. 이 소송은 대기업과 중소기업이 싸우는 게 아니다. 글로벌 공룡기업 간의 특허소송이다. 모두 충분히 많은 특허를 보유하고 있다. '극히 충분하다'와 '충분하다' 정도라면 미차에 불과하다. 애플의 특허개수를 과소평가해서는 안 되지만 그들의 현금 또한 과소평가해서는 더더욱 안 된다.

애플은 100조 원이 넘는 현금을 보유하고 있으며 날로 불어나고 있다. 2011년 여름 애플은 마이크로소프트 등과 컨소시엄을 결성해서 캐나다 통신회사인 노텔의 특허 6,000건을 매수했다. 삼성전자와의 특허분쟁 이후의 일이다. 노텔의 특허를 매수했다는 사실에 주목할 것이 아니라, 공격무기로 활용될 만한 특허를 막대한 현금을 동원해 언제든지 매수할 수 있는 가능성에 주목한다. 또한 구글은 125억 달러를 지불해 모토로라 모빌리티를 2011년 8월에 인수합병한 것도 같은 맥락이다.

글로벌 대기업의 특허전쟁에서는 특허 개수는 크게 중요하지 않다. 소송이 전개되는 기간 동안 얼마나 강력하고 효과적인 특허를 선택해서 사용할 것인지, 그 전략상의 선택 능력과 묘미가 더 중요할 것이다. 소송 그리고 협상에 동원할 수 있는 유효적절한 특허가 중요하지, 단지 누가 유리한지를 놓고 특허의 개수를 따지는 것은 단견에 불과하다. 이런 사실은 우리나라 대기업이 향후 특허소송에 맞딱드려 전략을 수립할 때 반드시 참고해야 할 사항이다.

어쨌든 대기업은 이번 글로벌 특허전쟁이 어떻게 전개되고 있는지 중소기업보다 훨씬 구체적으로 들여다 볼 필요가 있다. 우리나라를 대표하는 가장 큰 대기업인 삼성전자가 어떻게 판단을 그르쳤고 애플이 어떻게 소송을 수행하고 있는지 그 장면 장면을 관찰하고 분석함으로써 소송은 지식의 향연이 아니라 전략과 창의성의 향연임을 알 수 있을 것이다. 특히 대기업의 특허전담인력이 이 특허전쟁의 속살을 들여다 볼 때 자신의 지식과 통념이 흔들리는 것을 발견할 것이다. 그리고 이런 체험은 향후 글로벌 시장에서 발생될 수 있는 특허분쟁에서 우리에게 더 큰 힘을 가져다 줄 것이다. 교과서적인 지식과 통념이 이끄는 중력으로부터 벗어나자.

특허 십계명:
특허와 관련된 오해와 진실

특허는 기술과 법률과 경영이라는 세 요소가 서로 얽힌 복합체다. 그렇기 때문에 어렵다. 게다가 세 요소 모두 하나같이 쉽지 않다. 그런데 이것들이 융합되어 있다는 것이다. 그러다 보니 특허가 중요한 것은 알겠는데 이것을 어떻게 이해하고 활용해야 할지 정말로 난감하기 그지 없다. 여기 특허와 관련된 오해와 진실에 대한 열 가지 꼭지가 있다. 편의상 '특허 십계명'이라고 표현했다. 언감생심 이것만이 중요하다고는 말할 수 없어도, 이 열 가지 이야기를 유념한다면 특허제도를 이해하고 활용함에 있어 큰 도움이 될 것이다.

이 분야 전문가들은 오랫동안 경영이라는 요소, 즉 '비즈니스 관점'보다는 기술과 법률의 복합체로만 특허를 바라보는 편중된 경향을 보였다. 개발자들은 기술 측면에서만 바라보고, 경영자들은 경영 관점에서만 바라본다. 모두 경향을 갖는다. 하지만 그런 경향에서는 특허라는 '기하학'을 제대로 이해할 수 없다. 이쪽 면에서 한쪽 면의 이야기만 한다. 저쪽 사람들은 저쪽 면만을 바라본다. 오해는 지속되며 잘못된 지식들이 유령처럼 배회한다. 도대체 특허란 무엇인가? 특허는 법적인 명예를 위한 제도가 아니다. 특허권의 취득은 특허권자로서의 명예를 누리려는 게 아니라 비즈니스에서 성공하기 위한 일련의 과정 중의 하나로 이해된다. 기하학을 살리려면 리얼리스트realist가 되어야 한다.

여기 감히 '특허 십계명'이라는 말을 사용하면서 다소 도전적인 특허 이야기를 하고자 한다. 특허와 관련된 오해와 덜 익은 생각들에 맞서 좀 더 진실에 가까운 의미를 드러내기 위함이다. 상세한 내용은 변리사 윤락근과의 공동저서인 『특허전쟁』(정우성·윤락근 지음, 에이콘출판, 2011)에 다양한 사례와 함께 설명돼 있으므로 여기서는 극히 간단하게 요약한다. 낡은 생각과 싸우자.

첫째, 특허는 로또가 아니다.

둘째, 특허의 치명성과 달콤함을 함께 봐야 한다.

셋째, 특허는 정말 편리한 녀석이다.

넷째, 특허는 언어이고 말놀이다.

다섯째, 아이디어를 글로 잘 정리하는 게 중요하다.

여섯째, 특허는 까다로운 심사를 받고 관리되지 않으면 죽는다.

일곱째, 세상의 모든 특허는 빚을 지고 산다.

여덟째, 함부로 특허소송을 벌여서는 안 된다.

아홉째, 추구하려는 그 꿈에 특허가 숨쉬고 있다.

열째, 특허는 결과보다 과정이 더 중요하다.

첫째, 특허는 로또가 아니다

전통적으로 '특허'라는 것은 뭔가 대단한 것처럼 이해돼 왔다. 사실 그렇다. 특허권자는 자기 특허권을 주장하면서 경쟁자에게 무릎 꿇기를 강요할 수 있다. 특허는 독점적이고 배타적인 권리이기 때문에 과연 그렇다. 특허침해에 해당하면 제품을 판매하지 못하고 서비스를 제공하지 못하게 된다. 그런 점에서 특허권자는 치열한 경쟁에 참으로 유리한 무기를 갖게 되는 셈이다. 하지만 조금만 더 생각하면 바로 의문이 생긴다. 세상에는 특허가 너무 많다는 것이다. 우리나라만 해도 매년 17만 개가 넘는 특허가 신청되고 있다. 지구적인 관점에서 보자면 매년 100만 개가 넘는 특허가 양산되고 있는 것이다. 이런 세상에서 살면서 내가 갖고 있는 특허 하나가 얼마나 빛을 발할 수 있을까 의문이 들지 않을 수 없다.

내게 어떤 좋은 아이디어가 생겼고, 그 아이디어에 대해서 특허를 가지고 있다손 치더라도 백만 개, 일억 개 중의 하나일 뿐이다. 이런 현실을 '인식'하는 것이 중요하다. 명성 있는 대학교를 졸업했다고 그 졸업 사실만으로 인생의 성공이 보장되는 것은 아니다. 마찬가지로 대통령 표창을 받았다고 해서 성공의 대로가 열리는 것도 아니다. 성공하기 위해서는 그에 합당한 노력이 필요하며 자질을 갖춰야 한다. 특허에 관해서 말하자면 그 특허를 빛내기 위한 '비즈니스 노력'이다.

사람들은 특허를 갖고 성공의 꿈을 꾼다. 특허에 대한 환상 그 자체는 잘못된 게 아니다. 꿈을 꾸는 것은 우리 인류의 미덕인 까닭이다. 하지만 특허가 로또가 아니라는 점이 중요하다. 특허가 로또라면 그 많고 대단한 특허를 보유한 기업이 망하고, 반면에 이렇다 할 특허 하나 없는 기업이 성공하는 사례들을 어떻게 설명할 수 있을까? 어떤 아이디어가 있어서 우리가 '대박'을 꿈꾼다면, 그 아이디어에 대한 특허가 아니라 그 아이디어 혹은 그 특허를 빛나게 해 줄 비즈니스가 성공의 길을 열 것이다. 우리의 관심은 그러므로 비즈니스 그 자신에게 길을 묻는다.

둘째, 특허의 치명성과 달콤함을 함께 봐야 한다

특허는 치명적이다. 치명적인 것은 특허가 지닌 권리의 속성이며 냉철한 비즈니스를 감정적으로 유혹한다. 특허는 두 가지 관점에서 치명적이다.

첫째, 경쟁자가 특허권자인 경우에 치명적이다. 특허침해로 인해서 판매금지가 되면 어떻게 될까? 매출은 발생하지 않는다. 공장에 쌓인 재고도 임의로 처분할 수 없다. 판로가 막히며, 이익이 생기지 않기 때문에 자금 회전이 안 되고, 임금이 체불되며, 지급어음을 막지 못해 부도가 날수 있다. 아무리 소비자들로부터 신뢰를 받고 있는 회사라고 하더라도, 아무리 건전한 회사라고 해도 타인의 특허권을 침해했다는 이유만으로 모든 장점에도 불구하고 회사가 망할 수 있게 되는 것이다.

둘째, 특허는 냉철해야 할 비즈니스를 감정적으로 유혹한다. 성공하기 위해서 필요한 것은 특허만이 아니다. 은행 잔고도 생각해야 하지만, 확고한 영업관계의 형성, 위험 분산을 위한 노력, 브랜드에 대한 인지도 향상, 시장에서의 신뢰성 확보, 직원들에 대한 정당한 보상, 그로부터 비롯되는 직원들의 소속감과 열의 등 고려해야 할 것이 한두 가지가 아니다. 모두 냉철하게 생각해야만 한다. 그런데 성격 급한 사람들은 '성공에 이르는 지름길'을 생각하기 마련이고, '특허'가 곧 그 지름길이라고 생각해 환상에 젖는 경우를 많이 보아왔다. 자신이 아무리 좋은 혹은 많은 특허를 가지고 있다고 하더라도, 소송보다는 협상이, 공격보다는 방어가, 행동의 실천보다는 인내가 더 필요할 수도 있다. 경쟁은 어느 곳에서나 있고, 상대방이 있는 싸움이며, 그렇기 때문에 더욱 감정적이어서는 안 된다.

하지만 특허는 달콤하다. 남이 갖고 있으면 불안하지만 내가 갖고 있으면 좋다. 특허는 기술기업을 표상하고, 투자를 받는 데 유리하며, 국가의 지원을 받는 데에도 유리하고, 특허 표시로 차별성과 우수성을 부각할 수 있는 데다가, 거래처를 심리적으로 안정시키고, 경쟁기업을 압박하며, 혹시 있을지도 모를 특허분쟁에서 좋은 공격과 방어의 수단이 된다. 더욱이 여러 가지 기업 간의 협상에 있어서 참으로 큰 도움을 주기도 한다.

실제 비즈니스 세계에서는 이것들 하나하나가 매우 유용하지만 달콤함은 여기서 멈추지 않는다. 현명한 사람들은 특허제도를 이용해서 사람들의 창의적인 에너지가 회사 내에서 잘 흐르게 하고 혁신의 수단으로 삼기도 한다.

셋째, 특허는 정말 편리한 녀석이다

특허는 새롭고 진보적인 아이디어에 대해서 국가가 특별히 허락해준 권리다. 그렇다 보니 '특허기술'이라거나 '특허제품'이라고 말하면 왠지 새롭고 의미 있음을 표상한다. 이것은 정말 편리하고 중요하다. 비즈니스는 나와 남을 구별해주는 총체적인 활동이다. 투자 유치 활동이나 마케팅을 하다 보면 우리는 우리 비즈니스를 설명해야 할 상황에 직면한다. 아주 잘 설명해야 한다. 설명은 아마도 두 단계로 이루어질 것이다.

첫 번째 단계는 우리 비즈니스(비즈니스의 대상이 되는 제품이나 서비스가)가 새롭고 의미 있음을 설명하는 단계이며, 그 다음은 우리 비즈니스가 얼마나 매력이 있는 것임을 어필하는 단계다. 그런데 만나는 사람마다 자기 기술이 왜 새롭고 의미가 있는 것임을 구구절절 설명할 수는 없는 노릇이다. 때로는 1분 이내에 우리 비즈니스를 주목하게 만들어야 한다.

이때 특허는 정말 편리한 녀석이다. 왜 새롭고 의미가 있는지에 대해서는 특허를 신청하거나 취득했다는 사실만으로 요약할 수 있다. 우리는 그 다음 단계인 우리 비즈니스의 매력을 어필하는 데 집중할 수 있다. 우리가 제품이나 제품의 포장 등에 특허표시를 하면서 마케팅하는 것도 따지고 보면 소비자들에게 우리 제품의 새롭고 의미 있음을, 즉 우월함을 넌지시 알리고 알아달라는 것이다. 물론 각종 인증을 예시할 수 있으나 특허만큼 보편적이고 단순명료한 것은 드물다.

넷째, 특허는 언어이고 말놀이다

일반인들은 특허란 좋은 아이디어에 대한 권리로 생각한다. 그 아이디어를 독점하는 권리로 이해하는 것이다. 만일 우리가 "아이디어의 어느 부분을 독점하는 것입니까?"라고 어느 특허권자에게 묻는다면 상당수는 그 아이디어가 추구하는 '기능', '효과', '원리' 등을 독점하는 것이라고 대답한다. 이런 사람들은 특허를 모르는 사람이므로 위험하며 감정적으로 돌변할 가능성이 있다. 또 어떤 이들은 자기 제품을 설명하며 이런 것에 대한 특허라고 답하며 이 제품은 자기만 제조하고 판매할 수 있다고 말한다. 이들 생각으로는 자신의 제품이 특허로 보호받고 있다고 '당연히' 생각하기도 한다. 잘못된 지식을 갖고 있기 때문에 역시 위험하다.

또한 상당수는 자신들의 특허가 어느 부분을 독점하고 있는 것인지 모른다. 무관심과 무지가 결합되어 있기 때문에 역시 나쁘다. 이와 같이 자신의 특허가 아이디어의 어느 부분을 독점하는 것인지 정확하게 답할 수 있는 사람(기업)은 별로 없다. 대기업은 특허가 너무 많아서 문제고 중소기업은 특허에 대한 지식이 너무 부족해서 문제다.

그렇다면 특허는 아이디어의 어느 부분을 독점하는 것인가? 아이디어는 두 가지 옷을 입게 된다. 첫 번째 옷은 언어라는 옷이다.

마케팅을 위해 혹은 투자를 받기 위해 자신의 아이디어를 '말(언어)'로 표현해 제안하거나 약정하거나 판매한다. 자기 아이디어를 언어로 표현할 때 아이디어는 언어라는 옷을 입는다. 아이디어가 착용하는 두 번째 옷은 제품(서비스)이다. 아이디어에 따라 제품을 만드는 것에 성공했을 때 아이디어는 실물實物의 옷을 입는다. 실체화되는 것이다. 특허는 두 번째 옷에서는 절대로 나오지 않는다. 특허라는 권리 자체는 실물과는 아무런 상관이 없다(실물은 특허침해 시에 손해배상산정이나 침해 상대방의 고의/과실을 판단할 때 등 예외적인 경우에만 참조될 뿐이다). 특허는 첫 번째 옷을 입는 것과 같다.

특허권은 아이디어 그 자체가 아니며, 아이디어를 이용한 실물도 아니다. 오직 특허서류 중에 '특허청구범위'라는 항목에 쓰여진 언어 표현에서 나오는 것이다. 게다가 특허법은 언어 표현의 방식을 매우 엄격하게 제한한다. 기분 내키는 대로 적을 수도 없다. 특허서류에 적힌 언어표현이 엉망이면 특허도 엉망인 특허가 되며, 특허서류에 적힌 언어 표현이 아이디어를 비좁게 표현했다면 그 특허는 비좁은 특허범위를 갖게 되고, 언어 표현을 훌륭하게 하면 훌륭한 특허가 되는 것이며, 특허서류에 엉뚱하게 표현되어 있다면 엉뚱한 특허가 되는 것이다. 당사자들은 두 개의 물건을 놓고 특허침해가 아닌지 심각하게 고민하고 있는데, 특허침해 여부를 판단하는 재판관은 아랑곳하지 않고 '아' 다르고 '어' 다르다고 한다. 과연 그렇다. 그러므로 특허는 '언어'에 묶인 셈이다.

언어로부터 벗어날 수가 없다. 차라리 특허는 언어이고 말놀이라고 이해하는 편이 유용하다.

다섯째, 아이디어를 글로 잘 정리하는 게 중요하다

그러니까 특허는 언어 표현에서 나온단 말이다. 아이디어가 아이디어 그 자체로 머물러 있거나 또는 제품이라는 옷을 입고 있을 뿐이라면 특허는 아직 잉태되지도 않는다. 그 아이디어에 대해서 특허권을 신청해야만 비로소 특허가 비즈니스 안에서 잉태되어 자라나기 시작한다. 어떻게 특허권을 신청하는가? 텔레파시로 특허를 신청하는 게 아니다. 아이디어를 '언어'로 잘 표현해 서류로 만들어 제출해야 한다. 200자 원고지 수십 페이지에서 수천 페이지에 이르는 분량의 특허서류를 제출해야 하는 것이다. 그리고 그 서류를 심사해 국가가 특허권을 허락해 준다.

우리는 누구나 좋은 특허, 강한 특허, 돈이 되는 특허를 생각한다. 당연한 일이다. 좋은 기술(아이디어)에서 좋은 특허가 나오는 게 아니라, 그것을 어떻게 잘 표현했느냐에 따라 좌우되는 경우가 너무 많아서 아이디어를 글로 잘 정리하는 것이야말로 정말로 중요한 일이다. 아이디어를 정리하는 메모 습관을 말하려는 게 아니다. 물론 메모 습관은 불현듯 나오고 순식간에 잊혀지는 우연함을 방지한다는 점에서 매우 요긴하다. 하지만 여기서 말하는 글은 메모가 아니다. 문장으로 이루어지며 쉽게 서술되고 설득력 있게 완성된 '문장'을 말한다.

　1년 이상의 개발 과정을 거쳐 어느 정도 윤곽이 드러난 좋은 소프트웨어가 있다고 치자. 이것에 대해서 특허를 신청하기로 했다고 가정하자. 담당자가 몇 시간 들여 대충 정리해서 변리사에게 의뢰를 했다면 그것은 대충 특허가 된다. 특허의 관점에서는 그 오랜 연구개발과정을 망치는 주된 원인이 된다. 특허란 언어표현에서 나온다는 중요성을 인식하여 몇 날 며칠이 소요되더라도 글로 잘 정리한다면 좋은 특허가 나올 가능성이 매우 높아진다.

　개발자들에게 있어 개발에 관한 능력과 수준, 물론 중요하다. 하지만 자기가 개발한 성과를 말이나 말과 글로 알기 쉽게 설명하고 어필하는 것 또한 더할 나위 없이 중요한 일이다. 비즈니스도 그렇고 특허도 그 말과 글에 의해서 설득된다. 약어의 남용과 전문용어의 단순 배열이 아닌, '문장'으로 누구나 알기 쉽게 설명할 수 있는 능력은 비즈니스에 큰길을 열어주는 유용한 도구가 될 것이다. 특허도 그렇다. 오늘날 개발자들이 독서를 하고 글쓰기 능력을 키우는 것이야말로 우리나라 산업발전의 원동력이 될 수 있음도 같은 맥락이다.

여섯째, 특허는 까다로운 심사를 받고 관리되지 않으면 죽는다

　특허는 국가가 예외적으로 허락해주는 권리다. 아무에게나 아무 기술에게나 특허를 줘서는 안 된다. 그러므로 특허권을 취득하기 위해서는 반드시 국가의 엄격한 심사를 통과해야 한다. 좋은 아이디어라고 해도 재수 없으면 특허를 받지 못하고, 또 운이 좋으면 심사를 잘 통과해서 좋은 특허를 취득하기도 한다.

특허청의 공무원(심사관)이 주로 심사를 한다. 특허권을 신청한 발명에 대해 과연 특허를 받을 자격이 있는지를 심사하게 되는데, 이를 '특허요건'이라고 한다. 요컨대 '특허취득의 요건'이라고 말할 수 있다. 특허취득의 요건에는 발명의 내용에 신규성(새로운 것)과 진보성이 인정돼야 하며, 그 밖에 최초로 특허출원된 발명인지, 발명의 대상이 되는지, 미풍양속을 해치는 것은 아닌지, 공유자 출원 규정에 위배되는 것은 아닌지, 특허문헌 기재에 불비한 점이 있는지, 무권리자의 출원은 아닌지, 잘못된 보정사항이 있는지 등의 요건을 모두 만족해야 한다. 이러한 요건들 중에서도 실무상 가장 문제가 되는 것은 신규성과 진보성의 인정 여부다. 즉 그 아이디어가 인류사적으로 또 전지구적으로 새로운 것이며 유용한 것인지, 당업자가 쉽게 생각할 수 있는 것인지를 놓고 심사를 받게 된다.

한편 특허는 예외적으로 허용된 권리라서 국가에 그 대가로 돈을 납부해야 하며 소정의 관리 의무를 부여받는다. 따라서 적절한 시점에 매년 관리하지 않으면 죽게 되는 운명을 갖는다. 특허는 끊임없이 관심을 가지지 않으면 소멸한다.

일곱째, 세상의 모든 특허는 빚을 지고 산다

원천기술이라는 말이 있기는 하지만 다른 기술의 도움 없이 홀로 존재하는 기술이라는 게 과연 가능한 일일까? 기술은 물리학이나 기하학과 같은 존재 그 자체에 대한 것이 아니다. 그것은 시간의 함수며 층층이 누적되는 인류의 퇴적층이다. 인류는 수천, 수만 년을 보내며 여기까지 왔다. 지금 이 시점에서 보자면 원천기술이라는 것은 허상에 불과하거나 단지 스스로를 '뽐내는' 용어에 불과하다.

'원천특허'라는 것도 그렇다. 종전에는 존재하지 않았던 완전히 새로운 물질에 관한 특허가 아니라면 원천특허의 실체는 존재하지 않는다. 대개는 종전에 연구되거나 사용되던 기술을 응용해 새롭게 고안된 물건이나 방법에 관한 특허이다. 누군가 "모든 발명은 개량발명이다."라고 주장한다면, 그 말이 진실로 옳다. 그게 현실이다. 게다가 그것이야말로 특허제도가 궁극적으로 목적하는 바이기도 하다. 특허라는 것은 기술공개에 대한 대가이며, 기술을 공개했다는 것은 누구나 검색해서 들여다 보고 참고하라는 의미다.

"종전에 있던 것을 이렇게 개량했는데요. 이렇게 개량하는 것도 특허가 되나요?"라는 질문을 자주 받는다. 원칙적으로 종전의 단점을 개량해 새로운 이점이 생겼다면 그 기술은 신선하든 신선하지 않든, 기술적으로 어렵든 어렵지 않든 간에 특허의 대상이 된다. 특허제도의 관점에서는 당연한 이야기다. 특허는 개량발명이

다. 다만 실제로 특허를 받을 수 있을지 여부는 심사를 받아 봐야
만 안다. 유사한 선행문헌이 있어서 진보성을 인정받지 못하면 특
허를 받지 못한다. 진보성이 있는지 아닌지 여부는 특허권이 신청
된 이후에 심사를 거쳐서 비교대상을 정한 다음에 사후에 판단되
는 것이기 때문에, 개량발명에 대해 미리 진보성 유무를 정확하게
판단할 수는 없다. 전문가가 경험적인 지식과 감으로 이야기할 수
있을 뿐이다.

참고로, 공개된 특허문헌을 검색해 그 내용을 보면 유사한 특허
들이 매우 많다. 뭐 이런 특허들도 있나 싶을 정도의 요상한 특허
권도 많다. 이런 것도 특허를 받을 수 있다면 우리 기술에 대해서
도 특허를 받을 수 있지 않나 하는 생각도 들 것이다. 그렇다. 특
허를 받을 수 있는 대상을 스스로 한정할 필요는 없다.

세상의 모든 특허는 종전의 기술에 빚지고 산다. 따라서 우리
기술도 어차피 세상의 모든 기술에 빚지고 사는 셈이다. 비유하여
말하자면 특허란 세상의 모든 기술은행에서 대출을 받는 것과 같
다. 하지만 무이자다.

여덟째, 함부로 특허소송을 벌여서는 안 된다

나는 특허권자이고, 경쟁자를 상대로 특허소송을 걸었고, 그래
서 경쟁자의 제품이 시장에서 판매되지 못하도록 했다면 이 경쟁
주의 시대에서 참 장한 일이 아닐 수 없다. 이상적으로는 그렇다.

하지만 모름지기 소송은 상대방이 있는 싸움이고 상대방이 사력을 다해 대항한다면 이야기는 완전히 달라진다. 소송은 돈이 들고 시간이 들며 열심을 다해야 하는 것이라고 생각한다면 또 달라진다. 장한 일이 아니라 징한 일이 되기도 한다. 예컨대 삼성전자와 애플 사이의 글로벌 특허전쟁은 이대로 더욱 지속된다면 소송비용만 1조 원을 넘을 수도 있다. 변호사들만 신나는 일이다.

내가 아무리 특허권자라고 하더라도 소송을 하려거든 여러 가지 것들을 검토하고 생각해야 한다. 아무리 변호사나 변리사에게 의뢰해서 일을 진행한다고 하더라도 그 소송을 담당할 인력이 우선 필요하다. 소송은 대개 회사 내에서도 책임감 있고 똑똑한 사람이 담당하기 마련이라서 소송을 벌인다는 것만으로도 상당한 인력을 소비하는 일이다. 때로 이것은 매우 큰 손실이 되기도 한다. 뛰어난 인재가 소송 때문에 자기의 능력을 발휘하지 못하는 꼴이 되기 때문이다.

그러므로 소송을 결심하기 전까지, 이 소송에서 우리가 원하는 목적이 무엇인지, 변리사를 신용할 수 있는지, 소송에 착수하게 되면 어느 정도의 비용과 시간이 소요되는지, 우리 특허범위가 어느 정도인지, 승소할 수 있는지, 어떤 위험 요소가 있는지, 어떤 법적 수단을 사용할 수 있는지, 상대방의 대응방법은 어떨지, 시장의 반응은 또 어떨지, 협상할 수 있는 시나리오는 있는지 등을 종합적으로 생각하지 않을 수 없다. 물론 상대방이 내게 특허권 침해를 주장하며 소송을 걸어온다면 최선을 다해서 방어해야 함은 두말할 것도 없다.

아홉째, 추구하려는 그 꿈에 특허가 숨쉬고 있다

특허라는 것은 앞선 인류의 모든 유산을 이용해서 거기에 무엇인가 하나를 덧붙이는 것이므로 애당초 엄청난 아이디어야 하는 것은 아니다. 앞서 말한 것처럼 새롭고 좋은 아이디어가 있다면 그것에 대해서 특허를 신청할 수 있다. 물론 심사를 통과해야 한다. 그런데 대부분의 새롭고 좋은 아이디어는 어떤 꿈과 관련된다. 속된 말로 '대박을 꿈꾸는' 그런 꿈 말이다. 물론 점잖고 욕심이 적은 사람들은 꼭 대박이 아니더라도 나름대로 따뜻한 소망을 갖게 마련이다. 그런 꿈과 소망에 바로 특허가 있다(물론 모든 아이디어가 특허를 받을 수 있는 것은 아니다. 사람들 상호 간의 오프라인상의 공식적인 약속이나 행위에 의존하는 아이디어에 대해서는 특허를 취득할 수 없다).

현대 사회의 소프트웨어는 대부분의 비즈니스 꿈과 소망을 이루는 주된 수단이 되고 있다. 그러므로 소프트웨어에 관련해서 좀 더 살펴볼 필요가 있겠다. 전통적인 시각에서는 인류는 소프트웨어에 대해서는 특허를 인정하지 않았다. 소프트웨어가 이른바 '자연과학을 이용한 발명'으로 볼 수 없다는 이유다. 사실 인류사적인 관점에서 소프드웨어 기술 자체는 매우 낯선 분야다. 하지만 시대가 바뀌면 법제 또한 개정되기 마련이다.

오늘날 미국이나 일본 등 여러 나라에서 소프트웨어 자체에 대해서도 특허를 받을 수 있게 되었다. 우리나라는 어떨까? '소프트웨어 자체', 그러니까 '무슨무슨 소프트웨어'에 대한 특허는 인정되지 않는다. 원칙적으로 그렇다. 특허청에서 특허법의 개정을 시도했지만 저작권으로 보호해도 된다는 반대에 부딪쳐 수포로 돌아간 적이 있다. 그렇다면 소프트웨어 개발자의 특허신청은 불가능한 이야기인가?

전혀 그렇지 않다. 소프트웨어 자체에 대해서는 특허를 취득하지 못한다는 것일 뿐, 여러 가지 우회의 길이 있다. 그리고 이 길이 비좁지만도 않다. 소프트웨어는 일련의 시계열적인 절차를 실행한다. 그렇다면 '무슨무슨 단계로 이루어진 무슨무슨 방법'으로 특허를 청구할 수 있다. 또한 어떤 기능을 수행하는 소프트웨어는 컴퓨터나 휴대폰 등의 하드웨어 단말기에 설치된다. 그렇다면 그런 기능을 수행하는 단말기에 대해서 특허를 신청할 수 있다. 소프트웨어는 네트워크에서도 구동한다. 그렇다면 그런 네트워크에 대해서 특허를 신청할 수 있다. 소프트웨어는 정말로 다양한 기능을 달성한다. 그리고 이것은 우리 인간사회를 좀 더 편리하게 혹은 더욱 재미있게 만들기도 한다. 그렇다면 이런 기능들에 초점을 두어 특허를 신청할 수 있다.

소프트웨어 개발자들은 꿈을 꾼다. 그 꿈은 새로운 혹은 유용한 소프트웨어를 개발해서 자기 비즈니스에, 혹은 인류에 기여하는 영광이다. 그곳에 바로 특허가 숨쉬고 있다. 어떤 이는 소소한 부분까지 특허를 취득함으로써 특허제도가 오히려 기술발전의 방해물이 된다고 지적하기도 한다. 하지만 이것은 지나친 생각이다. 특허를 취득해서 자꾸 남을 괴롭히는 사람이 있는가 하면, 특허를 취득한 다음에 권리를 행사하지 않거나 단순히 방어목적으로 생각하는 사람도 있다. 특허권자라고 해서 무조건 자기 권리를 행사하는 것은 아니다. 더 좋은, 더 강력한 특허를 확보하고 그것을 개방하는 일도 생각해 볼 수는 있을 것이다. 물론 이를 위해서도 특허취득을 위한 자금이 필요하며, 이런 자금을 확보하기 위해서는 상업적 성공이 뒷받침돼야 하는 것은 물론이다. 결국 비즈니스다.

열째, 특허는 결과보다 과정이 더 중요하다

누가 몇 개의 특허를 취득했네, 그 특허가 어떤 기술에 대한 것이라네, 굉장히 좋은 특허라네 등등, 사람들은 특허를 결과로 보는 경향이 있다. 하지만 별로 유용한 생각은 아니다. 그 특허의 범위가 어떻게 되는지 실제로 들여다 보는 경우가 극히 드물다는 게 우선 문제다.

그것만이 아니다. 특허 그 자체로 돈을 버는 것은 극히 어렵다. 특허까지 신청한 '어떤 비즈니스'가 있고 그것을 위해 노력함으로써 돈을 얻는 것이다. 특히를 '특허권 취득'이라는 결과로만 접근하면 특허보다 더 중요한 '비즈니스'를 보지 못하게 될 가능성이 농후하다. 나무는 보되 숲은 보지 못한다. 그런데 비즈니스는 사람이 한다. 특허를 결과로만 보면 '사람'도 보지 못한다. 비즈니스가 흥하기 위한 여러 요소가 있을 테지만, 그 중에서도 조직을 이루는 사람의 혁신하는 자세야말로 비즈니스의 마르지 않는 샘과 같은 것이다. 창의성과 혁신, 특허를 결과로만 보면 이런 것은 보지 못한다.

창의성은 새로운 것을 생각해 내는 힘을 뜻한다. 특허는 새로운 아이디어에 대한 권리다. 새로운 아이디어는 새로운 것을 생각해 내는 힘에 의해 촉발된다. 그런 점에서 창의성과 특허는 떼려야 뗄 수 없는 관계를 갖는다. 한편 혁신은 완전히 바꾸어서 새롭게 함을 뜻한다. 창의성은 에너지가 되며 그 실천적인 힘은 혁신과 만난다. 혁신을 위해서는 그것에 걸맞은 프로세스가 있어야 한다. 이 프로세스란 개개인의 창의적인 에너지가 조직 내부에서 어떻게 잘 흐르도록 할 것인가라는 질문에 대한 답변이다. 이런 맥락에서 제기되는 것이 바로 '특허활동'이다.

특허활동은 조직 내에 소속된 사람을 독려한다. 문턱 없이 아이디어를 제안하도록 하고, 그 아이디어에 대해서 격의 없이 토론하고, 특허출원을 준비하고 관심을 갖고, 아이디어를 제안한 사람에게 인센티브를 제공하는 일련의 프로세스를 특허활동으로 이해할 수 있다. 이 중 어느 하나가 빠지면 프로세스는 망가진다.

각국에서의
특허 소송 진행 상황

연도	월	국가	애플	삼성전자
2011년	4월	미국	15일 특허침해로 삼성전자 제소 (캘리포니아 새너제이 법원)	27일 특허침해로 애플을 제소 (캘리포니아 세너제이 법원)
		독일		21일 특허침해로 애플을 제소 (만하임 법원)
		한국		21일 특허침해로 애플을 제소 (서울중앙지방법원)
		일본		21일 특허침해로 애플을 제소 (도쿄지방법원)
	6월	미국		28일 애플 제품의 미국 수입 금지 신청(무역위원회)
		독일	17일 특허침해로 삼성전자를 제소 (만하임법원)	
		한국	22일 특허침해 및 부정경쟁행위 등으로 삼성전자를 제소(서울중앙지방법원)	

연도	월	국가	애플	삼성전자
2011년	6월	일본	17일 삼성전자의 갤럭시탭 10.1에 대한 가처분 신청(도쿄지방법원)	
		네덜란드	27일 삼성전자 제품에 대한 판매금지 가처분 신청(헤이그법원)	30일 특허침해로 애플을 제소 (헤이그 법원)
		영국		29일 특허침해로 애플을 제소 (런던법원)
		이탈리아		29일 특허침해로 애플을 제소 (밀라노법원)
	7월	미국	1일 삼성전자 제품에 대한 판매금지 가처분 신청(새너제이 법원) 5일 삼성전자 제품의 미국 수입금지 신청(무역위원회)	
		프랑스		8일 특허침해로 애플을 제소 (파리법원)
		호주	28일 삼성전자 갤럭시탭 10.1 판매금지 가처분 신청(뉴사우스웨일스 법원)	
	8월	독일	4일 특허침해로 삼성제품 판매금지 가처분 신청(뒤셀도르프 법원) 16일 디자인특허침해로 삼성전자 갤럭시 탭 10.1 판매금지 가처분 결정(뒤셀도르프 법원)	삼성전자 제품이 판매금지 됨
		일본	23일 특허침해로 삼성전자를 제소 (도쿄지방법원)	
		네덜란드	24일 삼성전자 일부 제품에 대한 가처분 결정(헤이그법원)	삼성전자 일부 제품이 판매금지 됨

연도	월	국가	애플	삼성전자
2011년	9월	영국	12일 특허침해로 삼성전자를 제소 (런던법원)	
		호주		16일 삼성전자, 애플을 특허 침해로 제소(뉴사우스웨일스 법원)
	10월	일본		17일 특허침해로 애플 제품에 대한 판매금지 가처분 신청(도쿄지방법원)
		네덜란드		14일 삼성전자의 애플 제품의 판매금지 가처분신청이 기각됨(삼성전자의 표준특허 침해 주장이 무력화된 첫 번째 판결이자, 유럽연합의 반독점조사의 계기가 됨)(헤이그법원)
		프랑스		5일 애플의 아이폰4S에 대한 판매금지 가처분신청(파리법원)
		이탈리아		5일 애플의 아이폰4S에 대한 판매금지 가처분신청(밀라노 법원)
		호주	13일 애플의 주장을 받아들임. 삼성전자 갤럭시탭 10.1 판매금지 가처분 결정(뉴사우스웨일스 법원)	삼성전자의 태블릿 PC갤럭시탭 10.1 판매금지 됨 17일 아이폰4S에 대한 가처분 신청(뉴사우스웨일스 법원)
	11월	독일	25일 삼성전자 갤럭시 탭 10.1N 판매금지 가처분 신청(뒤셀도로프 법원)	
		호주	30일 가처분 항소심에서 삼성전자 주장을 받아들임, 가처분결정 취소 (시드니 법원)	
	12월	미국	2일 애플의 판매금지 가처분 신청 기각 (삼성전자의 특허침해를 인정하지만 가처분은 하지 않겠다는 판결)(새너제이 법원)	

연도	월	국가	애플	삼성전자
	12월	독일		16일 특허침해로 애플을 추가 제소(만하임 법원)
		프랑스		8일 삼성전자의 판매금지 가처분신청 기각(파리법원)
2012년	1월	독일	17일 삼성전자 스마트폰 10종, 태블릿PC 5개 모델에 대한 판매금지 소송(뒤셀도르프 법원) 27일 애플의 특허침해 주장 기각(만하임 법원)##저자날짜확인요망	27일 삼성전자의 표준특허 침해 주장 기각(만하임 법원)
		이탈리아		6일 삼성전자의 판매금지 가처분신청 기각(밀라노법원)
	2월	미국	8일 새로운 특허를 주장하며, 삼성전자의 17개 제품(갤럭시 넥서스 포함)을 대상으로 판매금지 가처분 신청(새너제이 법원)	
		독일	9일 갤럭시 탭 10.1N 판매금지 가처분 신청 기각(뒤셀도르프 법원)	
	3월	독일		2일 삼성전자의 표준특허 침해 주장 기각(만하임 법원)
2012년 재판 일정 전망		미국	(1) 미국 캘리포니아 연방법원 새너제이 법원에서의 본안소송 재판 (2) 미국 캘리포니아 연방법원 새너제이 법원에서의 새로운 가처분 소송 재판 (3) 미국 무역위원회의 수입금지 결정	
		독일	(1) 뒤셀도르프 법원의 본안소송 재판 (2) 1심 법원의 판결에 대한 항소심 재판의 심리	

연도	월	국가	애플	삼성전자
2012년 **재판 일정 전망**		한국	1심 본안재판의 지속	
		일본	(1) 가처분 소송에 대한 판결 (2) 1심 본안재판의 지속	
		네덜란드	본안소송 및 항소심 법원의 재판이 지속될 것으로 전망됨	
		영국	1심 본안재판의 지속	
		프랑스	재판의 지속	
		이탈리아	재판의 지속	
		호주	재판의 지속	
		ELI	1월 30일, 애플에 대한 삼성전자의 표준특허 침해소송에 대한 유럽연합의 반독점조사 개시	

그냥 읽어도 재미있는
주석

1장 그들은 왜 싸우는가?

1 아이폰은 2007년 1월에 공개됐다. 그러나 우리나라는 거의 3년
이 지나 2009년 11월 말이 돼서야 출시됐다. 아이폰의 국내출
시가 늦어진 것은 제도적 진입 장벽이 있었기 때문이었다. 여기
에는 삼성전자 등의 우리나라 제조사들과 이동통신사들의 이
익이 결부돼 있었다. 국내 몇몇 대기업들의 이익을 위해서 세계
시장을 주도하는 선진 기술을 이용하려는 소비자들의 선택권과
중소기업의 활용권한이 침해됐음이 지적되기도 했다.
소프트웨어 회사의 아이폰 이전의 콘텐츠 수입은 수익의 5%에
지나지 않았으나 아이폰 애플리케이션을 개발하는 경우 수익의
70%에 이르게 됐다. 그 결과 아이폰 도입으로 우리나라 산업
도 세계 시장의 변화의 마찬가지로 제조사에서 소비자 중심으

로, 하드웨어에서 소프트웨어 중심으로 급변하기 시작했다. 또한 콘텐츠를 생산하는 중소 소프트웨어 회사의 능동적인 역할이 주목됐다. 한편 아이폰은 국내에서 1년도 되지 않아 100만 대를 돌파했고 삼성전자의 윈도우폰인 옴니아는 굴욕을 맛보았다. 이는 곧 삼성전자가 마이크로소프트가 아닌 구글과 손을 잡는 계기가 됐다.

2 대만의 HTC는 1997년에 설립된 비교적 젊은 기업이다. 그들이 만드는 대부분의 제품은 스마트폰이며, 세계 최초로 윈도우폰을 만들었으며 2008년에는 세계 최초로 안드로이드폰(Dream,미국판매명 G1)을 만들었다. 2011년 삼성전자에게 안드로이드폰의 최강자의 지위를 넘기기 전까지 모바일 시장에서 구글의 전략적 교두보였다. 2010년 봄, 애플이 HTC와의 소송을 개전함으로써 애플과 안드로이드 진영의 제조사들과의 특허전쟁이 시작됐다. HTC는 여전히 안드로이드폰을 주력으로 판매하고 있지만 마이크로소프트의 윈도우폰도 꾸준히 시장에 내놓고 있다.

3 저자와 윤락근 변리사와의 공저『특허전쟁』1장에서는 특허가 초래하는 경영에서의 불확실성을 논하고, 특허전쟁을 통해서 그 불확실성을 해소하는 과정을 설명하고 있다. 특허전쟁을 법리적으로 충분히 이해하기 위해서는 먼저 특허제도에 대한 상세한 지식과 경험이 필요하다. 그와 같은 지식과 경험은『특허전쟁』에서 사례 중심으로 소상히 설명되어 있다.

4 휴대폰 시장의 절대강자였던 노키아는 2009년 10월 애플을 상대로 특허소송을 제기했다. 이 특허소송은 2년여간 46건의 특허소송으로 확대됐으나 2011년 6월 두 회사는 전격 합의를 선언하고 모든 소송을 취하했다. 애플은 노키아에 9억 달러로 추정되는 특허로열티를 지급함으로서 사실상 노키아가 승리했다. 그러나 통상의 특허분쟁 합의방식인 크로스 라이선스가 아니었음을 주목할 필요가 있다.

노키아는 막대한 현금을 거머쥐었지만 애플의 특허를 사용할 권한은 얻지 못했다. 즉 애플의 입장에서는 자신의 고유 기술을 노키아의 공세로부터 지켜냈다. 돈으로 해결할 망정 자신의 고유기술을 공유하지 않겠다는 애플의 전략을 엿볼 수 있는 대목이지만, 무엇보다 중요한 것은 분쟁 초기와는 달리 노키아가 마이크로소프트와 동맹을 결성함으로써 싸울 실익이 사라졌다는 사실이다. 애플이나 노키아나 모두 안드로이드 진영, 즉 구글동맹과 맞서 싸워야 하는 공통의 이익이 생겼다는 점이다.

2011년은 노키아에게 매우 역사적인 해였다. 노키아 최초로 외국인 CEO가 된 스티븐 엘롭Stephen Elop은 직원들에게 노키아의 심비안 플랫폼을 버리고 마이크로소프트의 윈도우 플랫폼으로 갈아타기로 선언하기 직전 노키아 직원들에게 '우리는 불타는 플랫폼에 서 있으며, 플랫폼 노키아가 타고 있으며, 과감하고 용감한 혁신을 해야 한다.'는 이메일 서신을 보냈다. 서신은 이렇게 시작했다.

"북해의 석유 시추 플랫폼에서 일하는 사람에 관한 이야기가 있습니다. 어느날 밤 그는 커다란 폭발음에 놀라 일어났습니다. 석유 플랫폼 전체가 화염에 휩싸였습니다. 그는 삽시간에 불속에 갇히고 말았습니다. 뜨거운 열기와 연기를 뚫고 그는 간신히 혼돈에서 벗어나 플랫폼의 가장자리에 섰습니다. 그가 가장자리 아래를 내려다봤을 때, 보이는 것은 저 검고 춥고 불길한 대서양의 바닷물뿐이었습니다. 화염이 다가옵니다. 시간이 별로 없습니다. 플랫폼에 서 있으면 불타는 화염에 휩싸일 수밖에 없습니다. 그게 아니라면 30m 아래 얼음 바다속으로 뛰어내려야 합니다. 그는 '불타는 플랫폼burning platform' 위에 서 있습니다. 그는 선택을 해야 합니다. 그는 뛰어내리기로 결심했습니다. 평소 같으면 있을 수 없는 일이죠. 그는 절대 얼음바다 속으로 뛰어내리지 않을 것입니다. 하지만 비상 상황입니다. 그의 플랫폼이 불타고 있습니다. 그는 바닷속에서 살아남았습니다. 구조된 후에 그는 플랫폼이 불타고 있었기 때문에 과감하게 행동할 수밖에 없었노라고 말했습니다.

우리도 역시 '불타는 플랫폼'에 서 있습니다. 우리는 우리의 행동을 어떻게 바꿀 것인지 결정해야 합니다. 지난 몇 개월 동안 우리의 주주, 이동통신사, 개발자들과 부품공급자들 그리고 여러분들한테 들은 이야기를 나누고자 합니다. 오늘 저는 제가 깨달았으며 또한 확신에 이른 것을 나누고자 합니다. 제가 깨달은 것은 우리는 불타는 플랫폼에 서 있다는 사실입니다. 그리고 여러 곳에서 폭발하고 있으며 화염은 우리 주위를 둘러싸고 있습니다. (후략)"

2장 글로벌 특허전쟁의 배후

1 스티브 잡스 사후에 바로 출간된 월터 아이작슨의 스티브 잡스 전기(민음사, 2011)는 매우 주목할 만한 책이다. 위대한 예술가 스티브 잡스의 생애뿐만 아니라 현재와 미래를 혁신하는 안목과 고집을 엿볼 수 있다. 글로벌 특허전쟁에서의 애플의 기본적인 전략과 마이크로소프트와 오라클과의 연관성을 추론하기에 충분한 자료가 되는 책이기도 하다. 애플의 상대방이라면 이 책을 숙독해 자기에게 유리한 소송자료를 얻을 수 있을지도 모르겠다. 하지만 그보다 더 중요한 것은 스티브 잡스의 생애를 통해 애플의 역사를 바라보고 애플의 역사를 통해 새로운 세계의 활력을 발견하는 것은 더할나위 없는 가치를 제공한다. 이 책은 출간되자마자 고전이 됐다. 스티브 잡스의 관점으로 이 책을 읽는 것도 좋지만 스티브 잡스와 함께 일한 사람의 관점으로 이 책을 읽는 순간, 우리나라 산업이 나아가야 할 길을 체감할 수 있다.

2 마이크로소프트의 검색엔진 빙은 미국시장에서 15%를 점유하고, 구글은 65% 이상을 점유하고 있다. 그렇지만 전세계 시장을 놓고보면 구글이 압도적이다. 구글은 2010년 기준으로 유럽과 라틴 아메리카 시장에서는 대부분 80~90% 이상의 점유율을 나타내며, 영국, 프랑스, 독일, 이탈리아 등의 유럽 주요국에

서는 95%에 육박하거나 그 이상의 점유율을 나타내고 있다. 중국, 일본, 한국 등의 아시아 시장에서만 50%를 넘지 못하고 있을 뿐이지만, 중국과 일본에서는 확고한 2위이다. 한국에서는 구글이 여전히 네이버와 다음에 눌려 검색엔진 점유율이 극히 부진한 상황이지만, 모바일 기기를 이용한 검색엔진의 경우에는 2011년 기준으로 14% 정도로 비교적 선전하는 편이다.

3 노키아도 자사가 보유한 표준특허로 애플을 공략했다. 그렇지만 노키아가 미국 무역위원회를 통해 애플을 공략했을 때의 주된 무기는 표준특허가 아니라 그들의 고유특허였으며, 표준특허는 주로 협상전략으로 활용된 것으로 알려졌다. 즉 판매금지나 수입금지를 즉시 요구하는 가처분소송에서 표준특허를 활용한 것이 아니라 협상테이블과 본안소송을 통해 표준특허를 활용했다는 점에서 삼성전자와 모토로라가 애플을 상대로 한 가처분소송에서의 표준특허 주장과는 사뭇 다른 방법을 택했던 것으로 분석된다.

4 2011년 4월 27일, 마이크로소프트는 대만의 HTC와 특허협약을 사인했다고 발표했다. HTC가 안드로이드 모바일 플랫폼을 사용하는대가로 마이크로소프트가 로열티를 받는 협약이었다. 비즈니스 인사이더는 로열티는 HTC 스마트폰당 5달러를 받는 것으로 알려졌다고 말했다(이견이 있기는 하다). 또한, 2011년 9월 마이크로소프트는 삼성전자와도 안드로이드 모바일 플랫폼

을 사용하는 대가로 로열티를 받는 특허협약을 체결했다. 「가디언」은 1대당 대략 10~15달러 사이의 로열티가 될 것으로 추정했다.

5 자바Java는 프로그래밍 언어의 일종이며, 특히 인터넷의 분산환경에 사용되도록 설계된 언어다. 1995년 썬마이크로시스템즈에 의해 개발되었으며 이 프로그래밍 언어를 사용하면 매우 효과적인 운영체제 운용이 가능하다는 장점이 있다. 썬마이크로시스템즈를 인수한 오라클은 구글의 안드로이드 운영체제 소프트웨어가 자바 기반으로 만들어졌고, 그렇다면 오라클에게 정당한 대가를 지불해야 함을 주장한다. 그럼에도 구글이 그 사실을 은폐하고 대가를 지불하지 않으므로 자신의 권리를 침해했다고 주장하는 것이다. 소프트웨어에 대한 권리는 크게 두 가지가 있다. 첫째는 '특허'이고, 둘째는 '저작권'이다. 이 중 어느 하나를 침해하면 판매금지와 손해배상책임을 질 수 있게 된다.

현재 쟁점은 특허보다는 저작권에 초점이 맞춰지고 있다. 특히 자바언어로 프로그램을 작성하기 위해 오라클로부터 라이선스를 받을 필요가 없다며 저작권 사용의 개방을 표방했으므로 자바 언어의 저작권을 인정할 수 없다는 구글에 반격이 오히려 설득력을 갖자, 오라클은 자바 API가 저작권으로 보호되고 있다고 주장하고 나섰다.

조기에 보였던 오라클의 무서움은 현재 상당부분은 완화된 상태다. 오라클은 최초 60억 달러의 손해배상을 요구했으나(나중에 20억 달러로 수정됐다), 구글은 280만 달러의 협상안을 제시했다(「가디언」 보도). 협상은 실패했고, 2012년 4월 재판은 정점을 향해 달리고 있다. 이미 오라클의 래리 엘리슨 회장과 구글의 래리 페이지 CEO가 법정에 나가서 증언을 했으며, 안드로이드 개발자 앤디 루빈 선임부사장과 에릭 슈미트 구글 회장도 법정에 설 것으로 보인다. 아마도 2012년 가장 뜨거운 소송 중의 하나가 될 것으로 전망한다.

이에 대해서는 닐 맥앨리스터의 칼럼(http://www.ciokorea.com/news/12359)과 「지디넷」 임민철 기자의 기사(http://bit.ly/IIs92T)를 참고할 만하다.

6 나는 「오마이뉴스」와의 2011년 10월 24일자 '정우성 변리사가 본 애플-삼성전자 특허소송'이라는 제목의 인터뷰기사(http://bit.ly/Is3x0K)에서 "결국 양사가 협상을 통해 매듭지을 겁니다. 시기 문제인데 소송이 최고 정점을 찍을 때 극적 타결 가능성이 높아요. 양사 비즈니스 관계를 고려하면 내년 여름을 넘기지는 않을 거예요. 애플-삼성 간에 앞으로 3~4년에 걸친 반도체 수급 계약이 걸려있고 이번 분쟁 영향이 양사 신제품에까지 미치는 것도 안 좋기 때문이죠.", "이재용 사장이 미국에 있을 때 삼성이 일본과 호주에 아이폰4S 판매금지 가처분신청을 한 것도 좋게 봐요. '플랜C' 핵심은 '극적 타결'이거든요. 애플도 큰일

날 뻔 했다, 삼성도 양보했지만 궁지 몰린 애플이 협상에 사인
했다는 시나리오가 갖춰져야 해요. 그렇지 않으면 싸움은 장기
로 갈 수밖에 없어요. 결국 어떻게 이길 거냐가 아니라 어떻게
우아하게 마무리 하느냐, 서로 기업 이미지 훼손하지 않고 '윈
윈' 하느냐가 이번 소송의 관건인 거죠."라고 말했다.

이 기사의 전체적인 내용은 여전히 유효한 이야기지만, 소송종
료 시점에 대해서는 이 책을 통해서 소송이 수년간 더 길어질
가능성으로 무게추를 옮긴다. 인터뷰를 한 시점에서 이 책이 출
간되기까지 약 7개월 동안 애플을 상대로 한 삼성전자의 창은
부러졌으며 삼성전자를 상대로 한 유럽연합의 반독점조사가 개
시됐다. 삼성전자와의 소송에서 애플에게 특별히 불리한 점이
없는 데다가 다른 구글진영과의 특허전쟁의 맥락에서도 유용
하게 활용될 수 있다는 점을 근거로, 애플과 삼성전자의 소송은
좀 더 길어질 것으로 전망된다.

3장 애플과 삼성전자의 특허전쟁

1 2011년 3월 3일 샌프란시스코에서 아이패드 2를 런칭하는 프
리젠테이션을 하면서 안드로이드, 삼성, HP, 블랙베리, 모토로
라를 언급하면서 "2011: Year of the copycats?"라는 표현을 사

용했다.

2 글로벌 특허전쟁에 관한 가장 정확한 정보는 소송당사자들의 소송캐비닛에 있다. 그러니 당사자가 아니라면 그 비밀스러운 정보를 입수하는 것은 불가능에 가깝다. 당사자를 제외하고 글로벌 특허전쟁에 관한 각종 소송정보를 가장 정확하고 신속하게 제공하는 소스는 독일인 특허전문가인 플로리안 뮬러Florian Muller의 개인 블로그다(fosspatents.blogspot.com). 나를 포함한 전 세계 특허전문가는 그에게 큰 빚을 졌다. 마이크로소프트가 그의 조사와 연구작업을 후원하는 것으로 알려졌다.

3 자본주의 4.0에 대해서는 아나톨 칼레츠키의 『The Birth of a New Economy』(한국어판: 『자본주의 4.0』, 컬처앤스토리, 2011년)가 참고할 만하다. 이 책은 자본주의 역사를 4기로 구분하고, 신자유주의로 대변되는 자본주의 3.0시대의 종언, 즉, 오만한 시장근본주의의 종언을 선언하고 자본주의 4.0의 겸허한 회의주의로의 전환에 관한 화두를 던진다. 이 책은 국가의 능동적인 역할을 강조한다.

4 「머니투데이」 2011. 10. 24. 기사(http://bit.ly/HUkUKj)에 따르면 삼성전자가 애플의 디자인특허 공격을 전혀 예상하지 못했음을 시사하는 내용이 있다. "이와 관련, 삼성전자 고위 관계자는 '애플이 (2차대전 당시 일본국이 미국 하와이를 기습 공격한) 진주만 폭격처럼 (공격을) 퍼부었다."고 비유했다. 이 관계자는 '애플이 오

랜 시간 치밀하게 많이 준비해온 것 같다'며 '(디자인 관련) 그
런 것이 전략무기화될 수 있다는 점을 생각하지 못했고 어떻
게 보면 우리가 너무 나이브(순진)했다는 지적도 나왔다.'고 덧
붙였다."

5 유럽연합의 경쟁정책 및 산업정책 최고책임자인 호아킨 알무니
아Joaquin Almunia 부의장은 다음과 같은 성명을 발표했다.

"표준은 디바이스의 상호운용성을 증진시키거나 안전하고 향상
된 기준을 제공하는 데 있어 가장 좋은 도구입니다. 통신 기술
에 있어서 표준은 보편적인 상호접속과 중단없는 통신을 위한
키 역할을 합니다. 한 번 표준으로 채택되면 관련 특허는 필수
가 됩니다. 그런 표준 필수특허의 소유자는 권리를 남용해서는
안 되는 힘을 부여 받습니다. 표준화 과정은 공정하고 명료해야
그들의 기술에 부담을 줘서는 안 됩니다. 일단 표준 필수특허를
보유하게 되면, 공정하고 합리적이며 비차별적인 규정으로 그
기술을 이용할 수 있도록 보장해줘야 합니다. 만약 우리가 그런
특허에 의존하는 산업과 비즈니스가 최고의 잠재력을 발휘하면
서 자유롭게 발전하기를 원한다면 이것은 정말로 중요한 일입
니다. 나는 시장 활성화와 접근 방해 목적에서 표준 필수특허를
오용하는 것을 막기 위해서 반독점 제재조치들을 분명하게 취
할 것입니다."

6 표준특허를 전담하는 기구로는 특허청의 표준특허 반도체재산
팀과 한국특허정보원의 표준특허센터다. 표준특허센터의 웹사
이트(epicenter.or.kr)에서는 표준특허의 중요성과 표준특허를 보
유하는 경우의 막강한 시장지배력과 표준특허 데이터베이스를
제공하지만 어디에서도 표준특허권자의 의무규정과 표준특허
행사의 한계에 대해서는 전혀 언급이 없다. 그렇기 때문에 대다
수의 특허전문가들은 애플과 삼성전자의 특허전쟁 이전까지 표
준특허권자의 FRAND 의무 규정에 대해서 잘 인지하지 못하고
있었다. 한편 국내기업중 의미있는 표준특허활동(표준특허의 취
득)을 하고 있는 기업은 삼성전자, LG전자, ETRI, 하이닉스 정
도다. 그밖에 몇몇 기업과 대학교가 있지만 극히 미미한 수준에
불과하다.

4장 네 개의 국면

1 네덜란드 재판에서의 애플 변호사의 비굴모드에 관해서는 지
디넷코리아의 '삼성-애플 헤이그 혈투 '재판의 재구성''이라
는 제목의 2011년 9월 28일자 기사(http://bit.ly/HMGbli)에 상세
히 소개돼 있다. 또한 조선일보 2011년 9월 27일자 '법정 간 애
플, '삼성이 우릴 쥐어짜려 한다!''라는 제목의 기사(http://bit.ly/

HX7a1X)에도 소상히 다루고 있다. 기사 모두 삼성이 유리하게 진행되고 있음을 보도하고 있으며 이는 당시 대다수의 여론을 반영하고 있었다. 누구도 반독점의 그물에 삼성전자를 낚으려는 애플의 전략을 눈치채지 못했다.

2 2011년 11월에 출시된 노키아의 윈도우폰(루미아 710, 루미아 800)은 2011년 4사분기 기준 100만 대 이상 판매된 것으로 보도됐다. 시장분석가의 전망은 아직 엇갈리지만 긍정적으로 평가되고 있으며 2012년의 판매량이 주목되고 있다. 특히 2012년 4월부터 미국에서 판매되기 시작한 루미아 900의 성공 여부가 윈도우 진영의 미래를 가늠할 것이다.

5장 특허전쟁 그 후

1 기술과 예술의 결합에 대한 비즈니스북으로는 민음사의 『스티브 잡스』 전기만큼 좋은 것은 없다고 생각된다. 기술과 예술에 관련한 마르틴 하이데거의 논문은 이기상이 번역한 '기술에 대한 논구'를 참고할 만하다(『기술과 전향』, 서광사, 1993년).

2 디자인에 관련한 책으로는 워렌 버거Warren Berger의 『GLIMMER: How Design Can Transform Your Life, and Maybe Even the World』(한국어판: 『디자인이 반짝하는 순간 글리머』 세미콜론 출판사,

2011년), 팀 브라운^{Tim Brown}의 『CHANGE BY DESIGN』(한국어판: 『디자인에 집중하라』, 김영사, 2010년), 빅터 파파넥^{Victor Papanek}의 『Design for the Real World』(한국어판:『인간을 위한 디자인』, 미진사, 2009년)을 권한다. 모두 빛나는 책이며 특히 기업의 CEO, 정책을 입안하는 관료와 정치인들이 읽어야 할 책이다.

3 디자인과 수사학이 비즈니스에서 중요하다는 영감은 TED의 리즈 콜먼^{Liz Coleman} 교수의 강의(http://blog.ted.com/2009/06/01/a_call_to_reinv/)를 통해서 얻었다. 그녀의 2009년 2월 강의에서 인문학의 강력한 빛을 보았다.

2011년 9월 첫 책 『특허전쟁』을 출간한 이후로 상당히 많은 기자들과 인터뷰를 했습니다. 대부분 애플과 삼성전자의 특허소송에 관한 것이었습니다. 책을 펴내기 전까지 나는 대체로 은거하듯이 살았고, 날마다 수북이 쌓은 서류와 씨름을 하거나 혹은 고객의 생각들을 조용히 점검하는 일을 합니다. 그런 까닭에 봇물 터지듯이 밀려오는 기자들의 질문에 답하는 것이 무척 낯설었고 당황스러웠습니다. 한편 흥미롭게도, 신문 지면이나 잡지, 온라인 등에 뜨는 기사는 소설처럼 과장되고 꾸며진 이야기가 대부분이고, 기자들의 배경지식은 깊지 않습니다. 엉뚱한 이야기가 버젓이 신문기사로 등장합니다. 독자들은 그 기사를 접하면서 감정적인 반응을 보입니다.

기자와 언론을 탓할 일이 아닙니다. 오히려 전문가들을 탓해야 합니다. 왜냐하면 그들은 너무 오랫동안 침묵했으며 간혹 발언을 하더라도 식상한 수준에서 매우 뻔한 이야기만 되풀이할 뿐이었습니다. 변리사가 수천 명에 달하고 이 분야 변호사들도 적지 않고 심지어 교수들도 있음에도, 기자가 묻고 탐구하고 판단할 수 있는 적절한 취재원이 없다는 현실은 안타까운 일입니다. 나 스스로도 전문가의 일원으로서 일말의 부끄러움을 느낍니다.

지적재산 분야는 그동안 지나치게 전문적이었고 어려웠고 복잡했습니다. 그렇기 때문에 기자를 비롯해 대부분의 일반인들은 지적재산 분야를 이해하기 어려웠고 작금의 특허전쟁을 비평할 수 없게 된 것입니다. 전문가와 일반인 사이에 높은 문턱이 있고, 이것을 지우는 작업을 전문가들이 게을리 했던 것입니다. 하지만 이런 작업은 전문가의 사회적 책무입니다. 이런 생각으로 때로는 기사에 한 줄도 언급되지 못하더라도, 설령 왜곡되더라도, 내가 알고 있는 식견과 경험 한도 내에서 친절하게 설명하려고 노력했습니다. 성과 없고 피곤한 일을 견디게 하는 것은 일종의 소명감입니다. 하지만 그것만으로는 매우 불충분했습니다. 글로벌 특허전쟁의 배경과 전개과정 그리고 앞으로의 전망을 분석하는 일은 인터뷰와 칼럼만으로는 역부족이었습니다. 이것이 이 책이 나오게 된 배경입니다.

전작 『특허전쟁』이 지적재산 분야의 고전이 될 것으로 기대합니다만, 이 책은 전작보다 훨씬 흥미롭다고 자부합니다. 이 책의 묘사는 특허에 대한 전문지식이 전혀 없는 일반인을 염두에 두고 쓰였습니다. 많은 사람들의 관심을 한몸에 받는 애플, 구글, 마이크로소프트, 삼성전자, 노키아 등의 기업들이 왜 싸우고 어떻게 싸우는지를 생생하게 표현하기 위해 노력했습니다. 그리고 앞으로의 미래를 통찰하고 시대의 앞에 위치하려는 사람들의 귀를 빌리고자 했습니다. 하지만 개인의 능력의 한계와 식견의 부족 때문에 빈 공간이 있습니다. 이곳을 독자 여러분이 채워나가신다면 그보다 큰 보람은 아마 없을 것입니다.

끝으로 부족한 저자를 더할 나위 없는 신뢰로 다시 한 번 후원해 주신 에이콘출판사의 권성준 사장님께 감사를 드립니다. 살다 보면 처음 접하는 복잡함과 난해함을 응시하면서도 하나하나 그 매듭을 풀어내는 감각과 능력을 지닌 사람을 만나게 됩니다. 그런 사람의 이름을 나는 한 명 알고 있으니 바로 이 출판사의 김희정 부사장님입니다. 또한 이 책의 편집에 공을 들여주신 황지영 과장님과 나로 인한 여러 가지 번거로움을 즐겁게 감당해주신 황영주 부장님께도 감사를 드립니다. 아빠 책의 표지를 알아주며 기뻐하는 어린 딸과 아들의 얼굴에 꽃이 핍니다.

에이콘출판의 기틀을 마련하신 故 정완재 선생님 (1935-2004)

세상을 뒤흔든 특허전쟁 승자는 누구인가?

초판 인쇄 | 2012년 5월 15일
2쇄 발행 | 2012년 11월 30일

지은이 | 정 우 성

펴낸이 | 권 성 준
엮은이 | 김 희 정
　　　　황 지 영
표지 디자인 | 그린애플
본문 디자인 | 선우숙영

인　쇄 | (주)갑우문화사
용　지 | 진영지업(주)

에이콘출판주식회사
경기도 의왕시 내손동 757-3 (437-836)
전화 02-2653-7600, 팩스 02-2653-0433
www.acornpub.co.kr / editor@acornpub.co.kr

Copyright ⓒ 에이콘출판주식회사, 2012. Printed in Korea.
ISBN 978-89-6077-303-5
http://www.acornpub.co.kr/book/patent-war

이 도서의 국립중앙도서관 출판시도서목록(CIP)은 e-CIP 홈페이지(http://www.nl.go.kr/cip.php)에서 이용하실 수 있습니다. (CIP제어번호: 2012002165)

책값은 뒤표지에 있습니다.